建设工程渗漏治理手册

陈宏喜　文　忠　唐东生　主编

U0291585

中国建筑工业出版社

图书在版编目（CIP）数据

建设工程渗漏治理手册/陈宏喜，文忠，唐东生主编 . -- 北京：中国建筑工业出版社，2024.4
ISBN 978-7-112-29745-0

Ⅰ.①建… Ⅱ.①陈… ②文… ③唐… Ⅲ.①建筑防水—技术手册 Ⅳ.①TU761.1-62

中国国家版本馆 CIP 数据核字（2024）第 072543 号

本书依据《建筑与市政工程防水通用规范》GB 55030—2022 编写。建设工程渗漏问题目前仍然居高难下，影响人们的日常工作与生活，危及结构的安全性与耐久性。我们根据多年所学知识与工程实践，积累了一些经验，也取得了不少教训，择其精华整理成书。全书共 14 章，分门别类地介绍了建设工程渗漏治理的设计、选材与工艺工法，为提升工程质量阐述了实用的技术措施。主要内容包括：绪言；渗漏治理新型材料简介；注浆堵漏技术；混凝土屋面渗漏治理技术；金属屋面渗漏治理技术；卫浴间渗漏治理技术；地面外墙渗漏治理技术；地下工程渗漏治理技术；隧道工程渗漏治理技术；道桥工程防渗防护技术；水库渗漏治理技术；种植屋面渗漏治理技术；工程渗漏治理经典案例 25 则；工程渗漏治理预算的编制。

本书图文并茂，通俗易懂，实用性强，可供施工人员、质量人员、监理人员、装饰装修人员、防水人员、设计人员使用，也可作为培训教材。

责任编辑：刘颖超　郭　栋
责任校对：李美娜

建设工程渗漏治理手册

陈宏喜　文　忠　唐东生　主编

*

中国建筑工业出版社出版、发行（北京海淀三里河路9号）
各地新华书店、建筑书店经销
北京光大印艺文化发展有限公司制版
建工社（河北）印刷有限公司印刷

*

开本：787毫米×1092毫米　1/16　印张：15½　字数：311千字
2024年5月第一版　　2024年5月第一次印刷
定价：**79.00元**
ISBN 978-7-112-29745-0
（42731）

汲前人精华，学同仁经验，为我国建筑防水事业增创新篇章。

叶林标 2023年11月23日

建筑工程 万无一湿
是汗水与智慧的结晶
节能减排 绿色环保
诸行业奋进新颜

张建真 2023/11/23

编　委　会

参编单位与友好支持单位：

海南鲁班建筑工程有限公司

深圳大学建筑与城市规划学院

中建材苏州防水研究院有限公司

南京康泰建筑灌浆科技有限公司

西安宝恒乐通建设工程有限公司

株洲飞鹿高新材料技术股份有限公司

深圳盛誉实业有限公司

湖南醴陵市建筑防水协会

湖南美汇巢防水集团有限公司

湖南欣博建筑工程有限公司

广州永科新材料科技有限公司

湖南创马建筑工程有限公司

湖南贵和防水工程有限公司

广州盈天工程有限公司

北新防水有限公司

砼泰无漏（河南）特种工程有限公司

湖南瑜金环保科技有限公司

湖南五彩石防水防腐工程技术有限公司

沈阳农业大学

河南省建筑防水协会

湖南森宝建设有限公司

陈宏喜——在建设工程防水堵漏行业追梦 50 年的防水老兵

原湖南防水涂料厂董事长、湘潭新型建材厂厂长，现为湖南省防水协会顾问、中国硅酸盐学会防水专家，中国建筑学会防水专家委员会委员。在防水行业探索与追梦了 50 年，是个敢于担当、勇于创新的防水老兵。曾获得 1978 年全国科学大会奖状，被评为中华人民共和国有突出贡献专家，1978 年湖南省科学大会先进个人。

1. 简历

1938 年 5 月出生于湖南祁东县，汉族，中共党员，高级化学建材工程师；1957 年湖南第一师范毕业后曾在湘潭市五中教书 6 年；1985 年当选为厂长。1983—1992 年，出任全国新型防水材料情报网网长，组织全国 10 届防水技术交流会。1991 年借调省建筑科研院组建湖南建筑防水联合集团公司，出任副董事长兼常务副总经理；2006 年被湖南神舟防水公司聘为总工，2013 年辞职回湘潭，潜心主编了 8 部建筑防水专著，全国新华书店发行。

2. 主要业绩

1）1975 年，与他人合作发明防水防腐"塑料油膏"，1978—1979 年获全国科学大会、省科学大会与建筑材料部奖励。

2）1979—1983 年，与湖南大学、河南建材研究院、北京建科院合作开发了冷用沥青胶粉油膏、彩色聚氨酯密封膏、水性丙烯酸密封胶、氯化聚乙烯卷材及人造花岗石板材。

3）1979—1985 年，为成都塑料化工厂、九江福利化工厂、新疆八一兵团七一焦化厂、四川南充防水材料厂、河北临城焦化厂、湖北仙桃防水材料厂进行技术服务。协助他们生产塑料油膏、冷用 PVC 涂料、SEP 卷材、SBS 改性沥青卷材、多功能胶粘剂与 EVA 彩色防水涂料。

4）1987 年，与湖南省建材局合作，引进中华（香港）制漆公司喷塑涂料与内外墙乳胶漆，在国内率先开发新型防水装饰涂料。

5）一生编写标书 500 多项，指导施工 300 多项，主编/参编部级/省级产品标准 7 项，主编防水保温防腐专业著作 8 部。

3. 敢于担当

1）1978年安源纪念馆屋面渗漏，立军令状："搞不好负政治责任与一切损失……"。

2）1986年珠海变电站水池严重渗漏，与境外防水公司竞争，立军令状"一定根治渗漏，为社会主义制度争光。"

3）北京前门高层建筑屋面渗漏，与北京房管局傅学增高工联手，精心做试点示范工程，蓄水7天无渗漏，获得多方点赞与肯定。

文忠——行业资深专家、高级工程师

高级工程师，1969年出生于江西，北京航空航天大学硕士毕业，现就职于北京卓越金控高科技有限公司，是我国建筑防水行业的资深专家。

1. 分别担任中国建筑金属结构、幕墙门窗、工业及建筑玻璃、建筑建材行业、化工行业、特殊材料等近十个行业专家成员。

2. 中国标准化委员会专家、质监总局缺陷产品评估委员会专家。

3. 参与《北京地铁盾构隧道维修养护技术规程》制定。

4. 参与制定《中国建筑防水堵漏修缮定额标准》。

5. 参与北京地铁、南京地铁、苏州地铁、长沙地铁、汕头海湾超大隧道古盐田隧道、南京过江盾构隧道、江西吉安大型过江坝底隧道、日照大型地下室渗漏等近300项病害治理。

6. 拥有发明专利近20项，参与及审定相关国家、行业标准近100项。

北京卓越金控高科技有限公司由文总独资于1996年创办，专业研发生产多种高性能建筑密封材料、高档防水涂料、新型堵漏防渗材料、高难度工程渗漏病害治理。近20年来，公司产品应用于国内外近万项工程，并出口到俄罗斯、澳大利亚、韩国、印度、泰国、美国、中东等国家和地区，获得客户好评。公司是国家高新技术企业，拥有近 30 项发明专利，先后参与编写相关国家或行业标准近 50 项，近年来近 600 项渗漏病害工地治理，为行业的优质、高效发展做出了重要贡献。

唐东生——从业建筑防水 40 年的知名专家

1965 年出生于湖南衡阳市，大专学历，高级工程师。

谦虚好学，在师傅的指引下，挤时间抢机遇，刻苦攻读化学建材与建筑防水保温防腐方面的专业知识。理论联系实际，掌握了 60 多种治理渗漏与注浆、加固核心施工技术，参与和指导施工千余项（栋）治漏工程，得到业主的点赞与青睐。

擅长防水工程施工应用技术、建筑修缮、堵漏抢险、加固抢险、保温隔热、防腐防护等。

现为湖南省防水协会副会长、中国建筑学会学术委员会常务委员、衡阳建筑协会副会长及总工。主编与参编防水堵漏加固多部专业著作，发表论文 60 多篇，在行业同仁中享有较高声誉与好评。2019 年，被《中国建筑防水》杂志社悦居防水服务平台评为"首届防水堵漏民间高手"之一（共 6 人上榜）。

　　建设工程包括地面、地下及水中建（构）筑物。该书主要阐述地面民用建筑、工业建筑、公共建筑与交通桥梁、水库渠道、隧道及地下空间三个方面的工程设计，选用材料及匠心施工的新理念、新材料和新工法，为提升防水工程质量奠定思想基础。

　　建设工程渗漏包括既有工程渗漏与在建工程渗漏，前者是指工程竣工后运营中发生孔洞、裂缝、裂隙渗水，后者是指工程建设中发生岩体渗水、流砂、涌水，两个方面都应重视治理。如果既有工程渗漏不及时治理，就会影响工程正常运行，影响人们的工作与生活，长此以往，危及结构安全与工程的耐久性。在建工程不及时治漏，就会影响工程建设的正常进行，甚至导致违规作业，严重影响工程质量，导致"千里之堤溃于蚁穴"。

　　工程建设重在质量与安全。无论是既有工程或在建工程的渗漏治理，都应合理设计、精心选材、匠心施工、严格管理，才能收到根治渗漏的功效。

　　陈宏喜、文忠、唐东生主编的《建设工程渗漏治理手册》总结了防水行业过往的经验教训，取其精华，采用新的设计理念，选用有实效的新材料，推行防水施工新工法，强调严格的质量控制与管理，利用系统原理综合治理工程渗漏，有望引导防水行业高质量发展。该书共有14章与3个附录，除工程案例外，均由陈宏喜主编起草，陈宏喜先生再次为防水堵漏修缮事业做出了有益贡献。

　　值此机会，向本书的所有作者以及为本书提供帮助的单位及同仁致谢！

沈春林

2024年元月

第1章
绪言

建设工程是指地面建（构）筑物、地下建（构）筑物及水中构筑物的各种工程建设事业，包含土木建（构）筑物、混凝土建（构）筑物、金属建（构）筑物、木质建（构）筑物及混合型建（构）筑物的兴建、运营管理及缺陷修补。

工程渗漏是各类建设工程的顽症，如何应用现代技术根治渗漏，提升工程质量是建筑防水行业当前及今后的重要任务。为此，我们邀请国内有关学者、专家与工程技术人员总结既往的经验教训，采用新理念、新材料和新工艺升华工程质量，又好又快地为建设工程贡献智慧与力量。

1.1 既有工程渗漏比较普遍

以往多方面调查资料显示：屋面工程渗漏达 80% ~ 90%，地下工程渗漏达 30% ~ 40%，桥梁隧洞渗漏在 1/3 以上。近 10 多年来，由于各方面的重视与防水人的努力，工程渗漏率有所下降，但工程渗漏仍然是常见现象。

1.2 工程渗漏后果严重

（1）有些工程在基础处理中发生流砂、涌水，被迫停工。

（2）有些地下工程垫层浇筑后发生流水、喷水，影响后续施工。

（3）有些工程主体结构竣工后发生局部渗漏，导致无法正常验收。

（4）有些卫浴间验收后，使用中造成邻房地面与墙面渗水，导致纠纷发生，甚至打架斗殴。

（5）有些工程渗漏，造成金属部件生锈，严重影响耐久性与安全性。

（6）某变电站水池渗漏，每天渗水 0.5 ~ 2m，导致暂停对某地区供电。

（7）某建筑设计院办公楼地下室渗漏积水，造成停止使用。

（8）江西某国防电台屋面渗水，室内贵重仪器设备临时用帆布遮盖，暂停使用。

（9）20 世纪 80 年代，中南矿冶学院试验室屋顶漏水，科技人员撑伞做试验。

（10）陕西某地下输水管道接头漏水，迫使停业维修。

（11）有些工程渗漏导致饰面层霉变长菌，产生较大经济损失。

（12）某些房屋倒塌、桥梁塌陷与防水防腐不无关系。

据有关统计，全世界每年因腐蚀而报废的金属达 1 亿吨以上，平均经济损失占国民经济总产值的 3%～4%。我国在建筑行业因钢铁腐蚀而造成的损失超过 1000 亿元。每年因大气腐蚀而损耗的钢铁达 500 多万吨，因酸雨和二氧化硫污染造成的损失每年达 1100 多亿元。

1.3 工程渗漏原因剖析

1. 工程渗漏的原因

（1）内因：结构主体存在能透过水分子的孔洞、裂缝、裂隙等质量缺陷。

（2）外因：设计不合理，选材不恰当，施工不精细，质控不严格、使用不规范等。

2. 根治渗漏的作用与目标

（1）使工程在使用运营中不渗不漏，让人们安居乐业；

（2）工程的耐久性达到《建筑与市政工程防水通用规范》GB 55030—2022（以下简称《防水通用规范》）的要求；

（3）采用材料与施工工法绿色环保，不污染环境，不危害人们的安全；

（4）耐燃等级不低于 B_2 级。

（5）避免渗漏产生直接或间接的经济损失、安全隐患、环境危害、群众纠纷等。

3. 根治渗漏的保障措施

（1）强化工程环境的调查勘察，了解工程所在地的气候特征、地形地貌与水文地质条件，为设计提供可靠的参考数据。

（2）合理设计：根据调查勘察的真实数据，遵循《防水通用规范》的规定，参考国内外的先进理念和成熟经验，进行工程防渗堵漏设计。

（3）优选合适的防渗堵漏材料：我国现有防水堵漏材料已批量生产的有近百种千余个规格型号，应根据工程实际，选用性价比优、可靠性高、安全环保、可操作性强、便于后期维护的材料，并且要有足够厚度。因工程耐久性与材料厚度成正比（特种超薄品种例外）。

（4）匠心施工：我国长期以来，明确了防水"三分材料七分施工"的道理。许多调查资料显示，工程渗漏诸多因素中施工因素占 40% 左右。20 世纪美国有调查表明，工程渗漏施工原因占 57%。只有按规范要求匠心施工，才能保证工程质量。

（5）严格管理是工程质量的保证条件

①开工前，对材料、工器具按规定检查验收，清点参加施工人员并验证上岗。

②对施工环境进行确认，包括温湿度、风力、降雨等各种自然环境。

③全面进行质量安全技术交底，明确参施人员责任义务。

④推行样板引路、作业指导书、关键工序监控、质量管理卡、QC 小组等管理措施。

⑤施工中严格执行"自检—互检—专检"相结合的三检制度，发现问题及时纠正处理。

⑥隐蔽工程应逐项检查验收，必要时拍照摄像留档备查。

⑦工程竣工前自检符合要求后，邀请设计院、业主、土建、监理、质监等部门进行全面检查验收。必要时应淋水、喷水、蓄水检验。

⑧设计方案、修改通知（签证变更）、施工方案、施工记录、验收资料等应交业主与档案管理部门归档备查。

⑨采取规范的成品保护措施，按程序进行前后工序交接。

⑩推行奖罚、合理化建议等各项管理机制，激发全员的质量参与意识等。

⑪实行 10 年保修制度。

⑫试行 20 年质量保证期制度。

第 2 章
渗漏治理新型材料简介

2.1 常用治漏材料

据不完全统计，我国有一定规模的防水堵漏材料生产企业达 2000 多家，能批量生产近百种千余个型号规格的治漏材料，常用的治漏材料如图 2-1 所示。

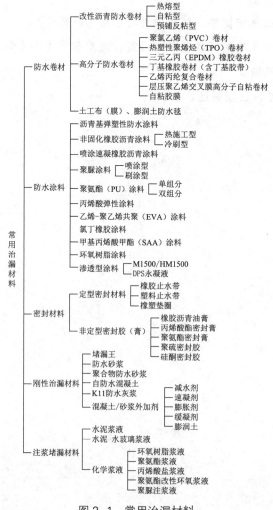

图 2-1 常用治漏材料

2.2 常用治漏材料的产品标准

常用治漏产品标准如表 2-1 所示。

常用治漏材料的产品标准 表 2-1

产品名称或规定	标准编号	备注
弹性体改性沥青防水卷材	GB 18242—2008	SBS 改性沥青卷材
塑性体改性沥青防水卷材	GB 18243—2008	APP 改性沥青卷材
自粘聚合物改性沥青防水卷材	GB 23441—2009	含聚酯胎基与无胎卷材
预铺防水卷材	GB/T 23457—2017	含改性沥青与高分子预铺卷材
聚氯乙烯（PVC）防水卷材	GB 12952—2011	含无胎与增强型卷材
热塑性聚烯烃（TPO）防水卷材	GB 27789—2011	含无胎与增强型卷材
三元乙丙橡胶（EPDM）防水卷材	GB/T 18173.1—2012	高分子防水材料 第1部分：片材
种植屋面用耐根穿刺防水卷材	GB/T 35468—2017	耐根穿刺卷材
轨道交通工程用天然钠基膨润土防水毯	GB/T 35470—2017	膨润土防水毯
道桥用改性沥青防水卷材	JC/T 974—2005	
聚乙烯丙纶防水卷材	GB/T 26518—2023	高分子增强复合防水片材
聚乙烯丙纶防水卷材用聚合物水泥粘结料	JC/T 2377—2016	复合卷材粘结料
垃圾填埋场用高密度聚乙烯土工膜	CJ/T 234—2006	
聚氨酯防水涂料	GB/T 19250—2013	
聚合物水泥（JS）防水涂料	GB/T 23445—2009	
喷涂聚脲防水涂料	GB/T 23446—2009	
水乳型沥青防水涂料	JC/T 408—2005	
聚合物乳液建筑防水涂料	JC/T 864—2023	
道桥用防水涂料	JC/T 975—2005	
喷涂聚氨酯硬泡体保温材料	JC/T 998—2006	
建筑防水涂料中有害物质限量	JC 1066—2008	
环氧树脂防水涂料	JC/T 2217—2014	
聚甲基丙烯酸甲酯（PMMA）防水涂料	JC/T 2251—2014	
喷涂聚脲用底涂和腻子	JC/T 2252—2014	
脂肪族聚氨酯耐候防水涂料	JG/T 2253—2014	
喷涂聚脲用层间处理剂	JG/T 2254—2014	
非固化橡胶沥青防水涂料	JC/T 2428—2017	

产品名称或规定	标准编号	备注
单组分聚脲防水涂料	JC/T 2435—2018	
金属屋面丙烯酸高弹防水涂料	JG/T 375—2012	
路桥用水性沥青基防水涂料	JT/T 535—2015	
客运专线铁路桥梁混凝土桥面喷涂聚脲防水层暂行技术条件	科技基[2009]117号	
硅酮和改性硅酮建筑密封胶	GB/T 14683—2017	
建筑用硅酮结构密封胶	GB 16776—2005	
高分子防水材料 第2部分：止水带	GB/T 18173.2—2014	
高分子防水材料 第3部分：遇水膨胀橡胶	GB/T 18173.3—2014	
石材用建筑密封胶	GB/T 23261—2009	
建筑结构裂缝止裂带	GB/T 23660—2009	
混凝土路段伸缩缝用橡胶密封件	GB/T 23662—2022	
中空玻璃用硅酮结构密封胶	GB 24266—2009	
建筑用阻燃密封胶	GB/T 24267—2009	
建筑门窗、幕墙用密封胶条	GB/T 24498—2009	
建筑胶粘剂有害物质限量	GB 30982—2014	
聚氨酯建筑密封胶	JC/T 482—2022	
聚硫建筑密封胶	JG/T 483—2022	
丙烯酸酯建筑密封胶	JC/T 484—2006	
建筑窗用弹性密封胶	JC/T 485—2007	
混凝土接缝用建筑密封胶	JC/T 881—2017	
幕墙玻璃接缝用密封胶		
金属板用建筑密封胶	JC/T 884—2016	
建筑用防霉密封胶	JC/T 885—2016	
单组分聚氨酯泡沫填缝剂	JC/T 936—2004	
丁基橡胶防水密封胶粘带	JC/T 942—2022	
陶瓷砖填缝剂	JC/T 1004—2017	
膨润土橡胶遇水膨胀止水条	JG/T 141—2001	
遇水膨胀止水胶	JG/T 312—2011	
公路水泥混凝土路面接缝材料	JT/T 203—2014	
水泥混凝土路面嵌缝密封材料		
公路工程土工合成材料 防水材料 第1部分：塑料止水带	JT/T 1124.1—2017	

续表

产品名称或规定	标准编号	备注
混凝土外加剂	GB 8076—2008	
水泥基渗透结晶型防水材料	GB 18445—2012	
水泥混凝土和砂浆用合成纤维	GB/T 21120—2018	
混凝土膨胀剂	GB/T 23439—2017	
无机防水堵漏材料	GB 23440—2009	
砂浆、混凝土用乳胶和可再分散乳胶粉	GB/T 34557—2017	
砂浆、混凝土防水剂	JC/T 474—2008	
混凝土防冻剂	JC/T 475—2004	
建筑表面用有机硅防水剂	JC/T 902—2002	
混凝土界面处理剂	JC/T 907—2018	
聚合物水泥防水砂浆	JC/T 984—2011	
水泥基灌浆材料	JC/T 986—2018	
水性渗透型无机防水剂	JC/T 1018—2020	
丙烯酸盐灌浆材料	JC/T 2037—2010	
聚氨酯灌浆材料	JC/T 2041—2020	
聚合物水泥防水浆料	JC/T 2090—2011	
地基与基础处理用环氧树脂灌浆材料	JC/T 2379—2016	
水泥—水玻璃灌浆材料	JC/T 2536—2019	
聚羧酸系高性能减水剂	JG/T 223—2017	
建筑防水维修用快速堵漏材料	JG/T 316—2011	
混凝土裂缝修补灌浆材料	JG/T 333—2011	
墙体用界面处理剂	JG/T 468—2015	
桥梁混凝土裂缝压注胶和裂缝注浆料	JT/T 990—2015	
建筑用不锈钢压型板	GB/T 36145—2018	
屋面结构用铝合金挤压型材和板材	GB/T 34489—2017	
玻纤胎沥青瓦	GB/T 20474—2015	
彩石金属瓦	JC/T 2470—2018	
合成树脂装饰瓦	JG/T 346—2011	
绝热用喷涂硬质聚氨酯泡沫塑料	GB/T 20219—2015	
公路工程土工合成材料　第 4 部分：排水材料	JT/T 1432.4—2023	
铁路桥梁混凝土桥面防水层	TB/T 2965—2018	

2.3 常用治漏材料主要产品物理性能

2.3.1 改性沥青防水卷材

用聚合物 SBS/APP/PE/SBR 等物料改性石油沥青，经浸渍、辊压、冷却，卷曲成片状的防水卷材。一般分为热熔工艺与自粘工艺进行铺贴的两大类卷材产品。热熔卷材一般厚为 3mm、4mm、5mm，宽为 1m，长为 10m、7.5m；自粘卷材又分为有胎型与无胎型，用聚酯胎增强的卷材多数厚为 3mm、4mm，无胎自粘卷材厚为 1.5mm、1.7mm、2mm。

1）三种热熔施工的改性沥青防水卷材主要性能如表 2-2 所示。

三种热熔施工的改性沥青防水卷材主要性能　　　　表 2-2

序号	品　种		SBS 卷材				APP 卷材				复合胎卷材	
	胎基		PY		G		PY		G		复合胎	
	型号		Ⅰ	Ⅱ	Ⅰ	Ⅱ	Ⅰ	Ⅱ	Ⅰ	Ⅱ	Ⅰ	Ⅱ
1	可溶物含量（g/m²）	3mm	2100				2100				1600	
		4mm	2900				2900				2200	
		5mm	3500				3500				—	
2	不透水性≥	压力，MPa	0.3	0.2	0.3		0.3	0.2	0.3		0.2	
		保持，min	30				30		30		30	
3	耐热度（℃）		90	105	90	105	110	130	110	130	90	
4	拉力（N/50mm）≥	纵向	500	800	350	500	500	800	350	500	500	600
		横向									400	500
5	最大拉力时延伸率（%）≥	纵向	30	40	—	—	25	40	—	—		
		横向										
6	低温柔度（℃）		−20	−25	−20	−25	−7	−15	−7	−15	−5	−10
7	撕裂强度（N）≥	纵向										
		横向										
8	热老化	质量损失（%）≤	1		1		1				2	
		拉力保持率（%）≥	纵向	90		90		90			90	
		低温柔度（℃）	−15	−20	−15	−20	−2	−10	−2	−10	0	−5

2）自粘改性沥青卷材主要物理性能如表 2-3 所示。

自粘改性沥青卷材主要物理性能　　　　表 2-3

序号	项目		指标				
			PE		PET		D
			Ⅰ	Ⅱ	Ⅰ	Ⅱ	
1	拉伸性能	拉力（N/50mm）　≥	150	200	150	200	—
		最大拉力时延伸率（%）≥	200		30		—
		沥青断裂延伸率（%）　≥	250		150		450
		拉伸时现象	拉伸过程中，在膜断裂前无沥青涂盖层与膜分离现象				—
2	钉杆撕裂强度（N）　　　　≥		60	110	30	40	—
3	耐热性		70℃滑动不超过 2mm				
4	低温柔性（℃）		−20	−30	−20	−30	−20
			无裂纹				
5	不透水性		0.2MPa，120min　不透水				—
6	剥离强度（N/mm）≥	卷材与卷材	1.0				
		卷材与铝板	1.5				
7	钉杆水密性		通过				
8	渗油性，张数　　　　　　≤		2				
9	持粘性（min）　　　　　≥		20				
10	热老化	拉力保持率（%）　　　≥	80				
		最大拉力时延伸率（%）≥	200		30		400（沥青层断裂延伸率）
		低温柔性（℃）	−18	−28	−18	−28	−18
			无裂纹				
		剥离强度卷材与铝板（N/mm）≥	1.5				
11	热稳定性	外观	无起鼓、皱褶、滑动、流淌				
		尺寸变化（%）　　　　≤	2				

3）改性沥青卷材的创新发展：

（1）在改性沥青胶料中掺混适量的溴化物、三氢化锑、氢氧化铝、氢氧化镁、硬脂酸钙、膨胀石墨、多磷化合物，可提升卷材的阻燃耐火抑烟性能。

（2）在改性沥青胶中掺入少量抗酸碱盐的化合物，可提高卷材的耐腐蚀性能，解决海滩海水中的防渗防护难题。

（3）在改性沥青胶料中掺入 SES，可提升卷材的低温柔性。

（4）改性沥青卷材的宽度可由 1m 加宽制成 1.4～2.4m。

（5）热熔施工的创新：①取消汽油做燃料；②热风焊铺；③轻型焊铺机自动焊铺，如东方雨虹经 10 多年研究，自行研制成功质量为 170kg 的自动焊机，1 个工作日可焊铺 500 多平方米且节约燃料。

（6）美国用聚氨酯预聚体改性沥青胶料，制成综合性能更优的卷材，极大地延长其使用寿命。

2.3.2 高分子防水卷材

用橡胶、树脂或橡塑共混材料为基料，掺混某些助剂制成胶料，在专用生产线上经塑炼、混炼、滚压成型或挤出成型的片状材料，称为高分子卷材（有人称为片材）。

1）高分子防水卷材的品种、规格、型号繁多。厚度：1～2mm，幅宽：1～4m，单捆卷长：20～50m。美国卡莱尔三元乙丙橡胶卷材宽达 15m，长达 60m。

2）高分子卷材性能较好：一般质轻，拉伸强度大，延伸性好，抗撕裂能力强，耐候耐老化，冷施工方便，使用寿命 20 年左右。其中，三元乙丙橡胶卷材耐老化性能非常优异。据国际权威机构测试，EPDM 卷材在中欧的使用寿命可达 50 年以上。南德塑中心认为，如果设计施工和维护适当，EPDM 卷材使用期可达 60 年。

3）独具特色的弹性水泥防水卷材性能较好，可在潮湿基面冷施工，是一种有发展前途的新产品。

4）自粘高分子防水卷材常温下可湿面冷粘贴，受到用户欢迎，推广应用迅速而广泛。

5）PVC 卷材我国原料丰富，生产工装设备配套，也有施工经验，其性能优良，不但耐水、耐腐蚀且耐根穿刺，建议大力开发推广应用。美国的调查指出：PVC 卷材在使用寿命、节能（白色）、重量和维护上，与其他主要屋面相比具有极高的生态效益。

6）TPO 卷材是国内外都重视发展的新材料。可冷胶粘、可机械固定空铺。另开发自粘工艺。目前，增强型 TPO 卷材是很多企业创新的主流。

2.3.3 钠基膨润土防水毯

将钠基膨润土针刺附着在聚乙烯／聚丙烯薄膜上制成的地毯式附水卷材，是一种纳米材料，厚 4～8mm、宽 1.2～6m、长 6～12m。空铺锚固施工。材料遇水膨胀 15～17 倍，生成叠合憎水凝胶，水分子不能通过。这种材料无污染、长久起防水作用，有人预测使用寿命可达 100 年以上。美国近几年地铁、垃圾埋置场大部分使用膨润土防水毯防渗。韩国近几年地下工程也大部分使用防水毯防水。我国有些地下室、人工湖、垃圾填埋场应用膨润土防水毯防渗漏，收到了良好效果。

2.3.4　高分子防水涂料

1）防水涂料品种、规格、型号较多，目前应用较普遍的是聚合物水泥基防水涂料（简称 JS 防水涂料，有 Ⅰ 型、Ⅱ 型、Ⅲ 型产品，下同）、聚氨酯涂料、丙烯酸酯涂料及水泥基渗透结晶型防水涂料。其中，JS 防水涂料广泛应用于厨厕、阳（露）台、洗浴间、外墙及地下室，因为它可在潮湿基面冷施工、粘结力强，能形成有一定延伸性的韧性涂膜，性价比优，所以深受用户欢迎。美国也广泛应用于旧有渗漏工程维修。近几年，聚氨酯防水涂料需求日趋增长，丙烯酸酯热反射涂料受到用户青睐。武汉大学化工厂研发的有机硅纳米新材料从国家军工事业与文物保护工程走进建（构）筑物防水，行走于世界前沿。

2）涂料单位面积用量应根据涂料重度、固含量与涂膜厚度及材料特性确定。如双组分聚氨酯涂料固含量在 92% 以上，具有微膨胀作用，重度 1.1kN/m^3 左右，一般 2mm 厚涂膜只需涂料约 2.4kg/m^2。而 JS 防水涂料固含量 70% 左右，重度 1.3kN/m^3 左右，一般 2mm 厚涂膜需要涂料 3.5 ～ 4kg/m^2。

3）涂膜单独作防水层，应有一定厚度，屋面不宜小于 2mm。

4）水泥基渗透结晶型防水涂料是一种刚性无机材料，渗透深度一般达 2 ～ 12mm，有些说可达 1m 深。这种涂料靠化学活性物质起作用，活性物多凝胶体就多，混凝土内部就越密实。市售材料的价格在 5 ～ 50 元 /kg 之间，主要是化学活性物含量多寡与产品质量有差别。水泥基渗透结晶型（CCCW）防水涂料的厚度一般为 1.0 ～ 1.5mm，主要由涂料的质量确定。

5）JS 水泥基涂料是双组分，由高分子乳液与填充料及助剂组成，另掺适量增塑剂调整涂膜柔性。液料与粉料的配比根据高分子乳液的特性与质量确定，如采用 EVA 乳液，则液料：粉料 =1：（0.7 ～ 1）；如采用德国巴斯夫公司的弹性丙烯酸乳液，则液料：粉料 =1：（1.5 ～ 2）。

6）不同的涂料施工时有不同的要求，应看懂说明书后施工。如双组分聚氨酯涂料，甲乙组分混合拌匀后立即施工，并要求 20min 左右用完，否则凝胶报废。而 JS 防水涂料混合拌匀后，应静置 5 ～ 10min 陈化后施工较好。又如，水固化单组分聚氨酯涂料施工时，须掺 20% 左右的清洁水拌匀后使用。而双组分聚氨酯涂料在涂布固化以前，不允许接触湿气与水，否则起泡破损涂层，贮存时遇水固化报废。

7）柔性涂料施工后，若需要后续施工，涂膜上必须设计隔离层与保护层，避免后续施工使涂层破损。

8）JSFJ-013 高弹防水涂料：是一种专利产品，由多种聚合物乳液、纳米粉料及功能助剂制成的高弹性防水涂料。能迅速浸进基体内部交联成立体网络结构体，成膜后有超强的粘结力（≥ 2MPa），良好的延伸性（≥ 400%），拉伸强度 ≥ 1.6MPa，150℃无滑动、发黏，无毒、无污染，耐候耐老化耐酸碱，人们称为"液体卷材"。

9）非固化橡胶沥青防水涂料是一种典型的蠕变型涂料，与改性沥青卷材及部分高分子卷材复合防水，是值得推广的新技术、新工法。

10）丙烯酸酯类涂料不但是一种冷用防水涂料，而且白色涂料具有良好的反辐射功能，反射率高达90%左右，在夏天可降低屋面温度10℃左右，获得了"节能之星"的美誉。我国应重视其发展与推广应用。

2.3.5　建筑密封材料

建筑密封材料有非定型（膏状或胶状）材料与定型密封材料两类产品，前者叫建筑密封胶（膏）。国外所说的密封胶（膏）一般是指钢窗玻璃、组合构件与墙缝的高分子密封材料。我国所说的防水油膏一般是指屋面或组合构件的嵌缝密封材料。

目前国内外普遍应用的是硅酮密封胶、硅烷密封胶、聚氨酯密封胶、聚硫密封胶、丙烯酸酯密封胶。而SBS改性沥青密封胶因性价比优，具有发展前景。

1）密封材料主要用于建（构）筑物缝隙的密封，如钢窗玻璃使用硅酮胶密封接缝。屋面分格缝、拼接缝使用防水油膏嵌填防渗。地下工程的变形缝、后浇带、施工缝，中埋止水带、遇水膨胀橡胶止水条。装配式墙板的纵横拼装缝使用高分子密封胶密封。密封材料虽然是辅助防水材料，但它起着气密、水密与节能的作用。

2）提倡使用无污染或小污染的弹性密封材料，必须具有较好的粘结性、拉伸强度和延伸性，以适应缝隙变形的需要。

3）高分子密封材料按拉伸模量分为低模量（LM）和高模量（HM）两个次级别。凡拉伸至相应伸长率时应力 > 0.4MPa 的称高模量，≤ 0.4MPa 的称低模量。

合成高分子密封材料按弹性恢复率，分为弹性（E）和塑性（P）两个次级别。凡恢复率 ≥ 40% 时，称为弹性密封材料；恢复率 < 40% 时，称为塑性密封材料。

4）级别的划分。《混凝土接缝用建筑密封胶》JC/T 881—2017 按位移能力，将其划分为 50 级、35 级、25 级、20 级、12.5 级五个级别。

5）密封材料的宽：深 =3：2 比较合理。密封材料两侧粘结、底部不粘，有利于伸缩，故主张底部安放背衬隔离材料，发挥背衬效应。

6）乳胶型密封胶能在潮湿基面施工，溶剂型密封胶必须在干燥基层上施工。

7）MS 密封胶：硅烷改性聚醚为主要原料，加入增塑剂、粉料、触变剂等助剂制成的新型密封材料，双组分，低模量，日本称为改性硅酮。与混凝土基面具有良好的粘结性，表干时间可调，耐候耐老化性优良，与饰面漆具有良好的亲和性。经济发达国家已有三四十年的应用历史。近年来我国广东普赛达公司开发了这一产品，湖南衡阳 31 层超高层大厦全部采用普赛达公司 MS 密封胶接缝，取得良好效果。

随着建筑工程产业化（工厂制造构件、现场组装）的发展，密封材料的需求量必将日益增多。

2.3.6　灌浆堵漏材料

我国既有建（构）筑物、地铁、隧洞、渠坝、人防工事、交通桥梁、泳池、水池等多数存在不同程度的渗漏。根治渗漏急需大量价廉质优的灌浆堵漏材料，研发生产新型注浆堵漏材料大有可为。

在众多的注浆材料中有发展前途的材料预测如下：

1）超细环氧树脂灌浆液

中国科学院广州分院经过叶作舟、邱小佩、叶林宏等教授几十年的潜心研究，已开发 KH 系列超细环氧树脂注浆料及防水防腐涂料，具有堵漏、加固和防腐的三重功能。已解决我国许多重大水利、水电工程与地铁、地下室渗漏工程的防水防护及加固难题。只要在实践中不断创新发展，日后必将在技术上有新的突破。

2）新型聚氨酯灌浆材料

包括单组分亲水性聚氨酯灌浆料、单组分疏水性聚氨酯灌浆料、双组分聚氨酯抢险加固灌浆料及双组分聚氨酯矿用灌浆料。

其中，双组分聚氨酯是由多亚甲基多苯基多异氰酸酯（PAPI）与聚醚多元醇反应的预聚体 A 组分和固化剂 B 组分组成的双组分聚氨酯灌浆材料。该材料发泡速度可调，固结体强度大，不收缩，抗渗性好，弹性小，具有抢险堵水和结构加固双重作用。该类产品分为抢险型和加固型。近几年作为矿用安全注浆材料而被大力推广应用。2011 年的用量近 10 万吨。主要用于煤矿巷道顶板加固、片帮加固、超前预注浆加固、瓦斯封口、采空区充填、煤层空穴充填、巷道密闭堵漏、风井筒、巷道堵水等，收到良好效果。

3）丙烯酸盐灌浆材料

长江科学院、华东水利电力设计院对这类材料有系统的研究与应用经验，解决了国内许多重大水利电力渗漏工程的治理难题。上海东大化学有限公司研发制造的丙烯酸盐灌浆材料是一种以丙烯酸类单体为主剂，以水为稀释剂，在一定的引发剂与促进剂作用下形成的一种高弹性凝胶体。不含有毒、有害成分，属于环保型堵水防渗的化学灌浆材料，其黏度低、渗透力强，凝胶体具有很好的抗渗性、黏弹性及耐老化性能等。可广泛应用于大坝、水库防渗帷幕灌浆，固结疏松土壤，用于隧道及地下工程防渗堵漏和室内厨卫间防渗堵漏。该材料可单液灌浆或双液灌浆，注浆压力可采用 0.2～0.6MPa，固化时间可在 30s～10min 调节。

4）丙烯酸丁腈水溶胶

是丙烯酸丁腈共聚水胶体，系原北京科技大学的科研成果，经过二三十年的深入研究，伯马 PMA 胶液已在内蒙古、广东省、湖南省等地数百项工程注浆应用取得成功，深受用户青睐。湖南省朱和平、叶天洪等技术人员在注浆实践中取得新的突破，他们无破损或微创快速治理厨卫间，当天施工、当天竣工使用，主要秘诀就是灌注 PMA 水溶胶堵漏。

该材料遇水增稠微胀，形成不透水凝胶，阻挡水分的通过。胶液中掺适量水泥注入窜水界面或细孔、小洞、裂缝中，形成大分子聚集体，充填、封堵渗水通道。两者协同作用，形成永久防渗屏障。朱和平、叶天洪承接的地下室、地铁、厨卫间维修工程承诺长期保修。

2.3.7 专精特新材料

1）背水面用优固力：辽宁九鼎宏泰防水科技有限公司开发的优固力自愈防水胶是以水泥为基料，掺加特种助剂与活性化学物质，是优异的刚性抗渗防水材料，非常适合解决新老混凝土、砖墙、隧道、坑道、粮仓、水池、地窖、粉化墙面、挡土墙、回土墙、地基墙、景观墙、游泳池、地下室、车库、防水处理池、电梯井、卫浴间、地下空间顶板反面等结构的迎、背水面抗渗问题。

黑将军渗漏修缮工程（辽宁）有限公司开发的 B-518、B-520、优固力（YGL）自愈防水胶是渗漏维修的好材料，不但抗渗堵漏，而且抑制结露，防霉、防螨、抗菌。

2）凯德巴赫公司研发的一种新型智能型的双碳节能材料，其发明专利号：L2009100126263，广泛应用于无机节能地暖、冬暖夏凉腻子、屋面无反射隔热、花卉大棚建筑内外保温、蔬菜大棚、油气管道保温、蔬果冷库、装配式建筑烟筒隔热贴砖及卫生间静音，获得用户欢迎。

3）江苏莱德建材公司研发的双液型快封注浆液：5s 固化，具有八大亮点：高固含量、高强度、无膨胀、无收缩、高渗透、不降解、固化快、低复渗。

4）广东隽隆新型建材科技公司研发的聚脲注浆液：特种材料解决特种难题，注入结构伸缩缝，轻松持久适应变形。

5）山东方达康砂浆研究院冯文利教授团队科研成果丰硕，推出近 20 种砂浆添加剂及 10 多种胶粉、纤维素添加剂，对我国防水堵漏加固做出了有益贡献。

6）太原晋钢公司研发的 0.015mm 厚折叠式不锈薄钢：有心人正在研究折叠式防水金属卷材。

7）湖南写生绿色建筑科技有限公司成立于 2009 年，是一家专业从事外墙保温与防水材料的研发、生产、销售与施工于一体的高新科技企业。工厂生产 CM 超膜陶瓷凝胶绝热系统，屋面保温防水一体化材料、索乐园导光管、无土绿植等环保型产品。现以 CM 超膜陶瓷凝胶绝热系统为例阐述其技术先进性。

（1）系统分为表涂层（911 抗辐射反射膜）、中间层（CM 超膜陶瓷凝胶中涂）和底涂层（CM 液态纳米保温腻子）三层涂覆，不同功能相互协同组成一个完整的保温隔热体系，以起到保温隔热的作用。

①底涂层是 CM 液态纳米保温腻子，填充封闭基层的微孔小洞及裂纹裂隙。

②真空陶瓷绝热保温涂料，是纳米级真空陶瓷微珠，形成了围护结构表层的中空隔热膜，阻断了热源的传导、对流和辐射。一般在基体表面涂抹 1mm 左右，即可达到隔热、保温的目的。

③表涂层是 911 抗辐射反射罩面膜。

（2）系统施工流程：①外墙柔性粗腻子＋网格布→②批刮 CM 液态纳米保温腻子→③喷涂 007 憎水渗透底漆→④喷涂 CM 超膜陶瓷凝胶绝热涂层→⑤抹面漆（饰面层）→⑥喷涂 911 辐射反射膜。总厚度为 3～5mm。

（3）工程案例：西藏山南地区、海南三亚市、广东佛山及湖南 13 个地市等地的建（构）筑物外墙或内墙保温隔热防水装饰，均受用户青睐。

8）冷涂锌涂料：是一种单组分、高含锌量的重防腐涂料。主要是由高纯度锌粉、挥发性溶剂和有机树脂三部分配制而成的有机富锌涂料。

（1）冷涂锌涂料干膜锌含量高达 95% 以上，能够为钢铁基材提供良好的阴极保护，实现长效防腐的要求。

（2）冷涂锌涂料施工方便，现场只需适当搅匀即可使用。可刷、辊、喷、涂施工。

（3）除醇酸树脂油性涂料外，可与聚氨酯涂料、环氧类封闭漆、丙烯酸涂料、氟碳面漆等重防腐涂料配套使用。

（4）冷涂锌涂料可广泛应用于土木、建筑、电力、通信、环境卫生、船舶渔业、石油化工、水利工程、海洋设施等钢铁构件的防锈以及镀锌构件的维修维护。

（5）冷涂锌涂料的生产设施设备相对而言，比较简单，一次投资不大，可快速形成量产工业。

（6）近 30 年来，冷涂锌涂料发展迅速。美国、日本、欧洲都重视冷涂锌的研发。我国虽然起步较晚，但发展迅速，已有多家生产和研发产品的公司。中南林业大学廖有为博士在研发冷涂锌防腐涂料中做了重要贡献，并于 2017 年出版了《冷涂锌涂料》专著。

9）光伏屋面防水防腐防护十分重要，应采取有效措施确保光伏组件使用年限超过 25 年。PVDF 氟碳膜是一种自粘卷材，由五部分组成：离型膜、丁基胶、聚酯膜、胶粘剂和 PVDF 氟碳膜。与其他聚合物相比，具有更大化学结合力和结构稳定性，超长耐老化，可长期暴露于空间，耐久性超 25 年，调整配方后可使用 30～50 年，漆膜不粉化。

第3章
注浆堵漏技术

建设工程注浆堵漏有三个目的：一是软弱基础注浆加固，打造坚实围岩，为后续施工提供安全屏障与顺利的施工条件；二是混凝土结构浇筑成型后，本体存在微孔小洞、裂缝、裂隙与局部渗水，通过压力注浆，进一步密实结构本体，提高结构的密实度与抗渗性能；三是既有工程运营一定时间后产生渗漏，通过注浆密实结构体，消除已暴露出来的缺陷，切断浸水通道，保证工程的正常运营。也就是说，工程建设自始至终，需要注浆来保驾护航。因此，注浆堵漏是治理渗漏的重要手段，是现代建设不可或缺的技术措施。

3.1 现场勘测超前进行

1）不调查就没有发言权，工程建设勘测十分重要，例如，对于大中型水库渗漏，如果不了解渗漏原因与渗漏重点部位，是无法进行治漏方案设计的。不从实际出发，凭经验与规章条例盲目设防，有害无益，甚至导致负面结果与劳民伤财。

2）调查内容：①原设计方案；②原施工记录与验收存档资料；③走访原参施的关键人物；④现场现况观察与实测；⑤对缺陷拍照或录像；⑥水库容量；⑦水库周边岩土状况；⑧水库所在地的气候特征；⑨历年最高水位、最大风力；⑩业主现时的经济、技术条件，对治漏的初步设想等。

3）勘测手段：观测、丈量；红外线探伤；超声波勘探；脉冲电测等。

3.2 谨慎合理设计

建筑渗漏治理设计是前提，是治漏施工的依据。设计者应按照国家与行业的相关规范规程的规定和勘测资料，从实际出发，做出科学、合理的治漏方案。

1）设计方案的主要内容

（1）简介勘测资料，简述工程环境的地质水文情况与当地气候特征及围岩基础状况。

（2）确定防水等级及设防要求。

（3）筛选防水材料，标明材料名称与规格、型号。

（4）绘制必要的施工详图（大样图）。

2）设计方案要慎重

多考虑节能减排、绿色环保与耐水性、抗腐性、阻燃性及耐久性，确保优质、高效。

3）设计方案应合理

从实际出发，量身裁衣，不苛求、敷衍，经济、合理，施工方便。应邀请相关专家进行论证。

3.3　筛选性价比优的材料

工程注浆堵漏材料目前我国批量生产的有几十种，常用的也只有10多种。筛选材料的原则是：①性能好，价格适宜；②产品技术性能必须符合相关标准的要求，只认标准，不强调品牌；③施工便捷；④工程实践证明治漏长久可靠；⑤因地因事制宜，经济、实用。

3.4　匠心施工

行业公认"三分材料，七分施工"，要确保工程质量必须挑选有一定经验与实力的施工队伍和施工人员。事实证明，议标是个好办法，规避低价恶性竞争。我们建议工程施工招商由多方面的行家组成议标小组，首先考察投标者的经历、业绩与实力，用事实和数据说话；然后，进行公开、公正的评议，挑选出合适的施工团队。

低压慢灌是通常的灌浆原则，特殊工况需要高压强注。

3.5　严格质监质控

1）认真查验防水商的资质与参与施工人员的上岗证。

2）选用的材料，见证取样送国家授权的检测机构进行复验，复验不合格的产品不允许用于工程。

3）施工过程中，应执行"自检—互检—专检"相结合的三检制度。

4）隐蔽工程质监员应旁站施工，并摄影或录像备查。隐蔽工程应逐个验收。

5）成品应围挡保护。

6）甲乙双方应签署保修协议，保修期双方磋商决定。

7）提倡实行"质量保证期"制度，期限10～20年，甲乙双方商订。

8）工程运行中，应设专职或兼职人员进行管理与维护。

第4章
混凝土屋面渗漏治理技术

混凝土屋顶根据结构形式，常分为平屋面、坡屋面、圆形屋面、异形屋面、组合体屋面等；根据施工工艺，常分为整体现浇屋面与预制构件拼装屋面等。各有优点与缺点，应根据实际选材、施工，达到不渗不漏、节能减排、绿色环保、高质量的要求。并且，合理使用寿命必须不少于20年。

4.1 渗漏治理应合理设计

1）新建工程：防水类别甲类，防水等级为一级，工程耐久性大于20年，涂卷复合防水（2mm非固涂料+3mm厚聚酯胎自粘卷材/1.5mm厚高分子自粘卷材）。细部节点一律采用1.5mm厚蠕变型防水涂料+50g/m² 聚酯毡（布）增强。其中，上人屋面为40mm厚C30细石混凝土+饰面层，分厢缝距3～4m，缝内嵌填橡胶改性沥青弹塑性密封胶（回弹率不小于60%）。

2）既有渗漏工程治漏设计方案：原则上不大拆，微创修补。

（1）局部渗漏、局部修补：

周边扩延0.3～0.5m为修补区域，区域内点状灌浆，点距200～300mm，打孔（ϕ10～12mm，呈梅花状布孔），压灌（表压0.2～0.3MPa）可再分散胶粉改性42.5级普通硅酸盐水泥浆液，2h后复灌1次。无渗水后修复面层，面层材料采用与原防水层同类同厚的卷材或涂料。

（2）大面渗漏全面微创修补：

①纵横开槽排水排气：纵向槽宽50～60mm，深至原防水层的水泥砂浆找平层，槽距3～4m；横向槽宽、槽深同纵向槽，槽距5～6m。

②布孔（ϕ14～16mm），孔距ϕ500～600mm，孔深至原防水层水泥砂浆找平层上表面。

③压灌（表压0.3MPa左右）可再分散胶粉改性42.5级普通硅酸盐水泥浆液，2h后复灌1～2次。

④无浸水后，大面修补面层

　　a）面层材料：选用与原防水层同品种同规格，厚度大于原防水层。

　　b）细部节点选用 2mm 厚高分子防水涂料，并夹贴聚酯毡（布）增强。

　　（3）上人屋面：

　　在不渗不漏防水层上，干铺一层 0.1mm 厚聚乙烯（PE）作隔离层，再按设计要求做刚性层与饰面层。

　　（4）预制钢筋混凝土构件拼装屋面治漏技术措施：

　　①新建屋面工程：预制屋面板板厚以 80mm 为宜，板长根据房屋开间决定，一般长 3.6～5m，板宽每室 1～3 块为好。

　　②防渗漏重点，一是拼接缝，二是板面。拼接缝构造如图 4-1 所示。

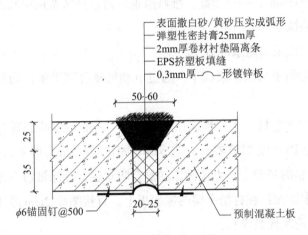

　　　　　　　　　　　　　　　表面撒白砂/黄砂压实成弧形
　　　　　　　　　　　　　　　弹塑性密封膏25mm厚
　　　　　　　　　　　　　　　2mm厚卷材衬垫隔离条
　　　　　　　　　　　　　　　EPS挤塑板填缝
　　　　　　　　　　　　　　　0.3mm厚　形镀锌板

　　　50~60

　　φ6锚固钉@500　　20~25　　　预制混凝土板

图 4-1　拼缝构造示意图

　　板面（非上人屋面）防水：2mm 厚非固涂料 +1.5mm 厚 PVC/TPO 卷材防水层。

4.2　渗漏治理应匠心施工

　　1）国内外实践说明，施工是影响工程质量的主要因素，一般占浸漏原因的 40%～60%，经济发达的美国也曾达到 57%。

　　2）混凝土基体是一种多孔材料，普通混凝土的孔隙率达 10%～25%，如果忽视基体内部的密实度，不认真密实密封基层，仅在表面铺设保温层防水层，必然出现层间窜水。这种水分与气体向下浸入室内，向上蒸发鼓泡，导致卷材 / 涂膜与基面剥离或破损。

　　如何做到基体密实呢？一要清理干净，可见裂缝、孔洞内部的杂物用专用勾刀勾出来；二要刷涂基层处理剂，把防水液料浸入裂缝裂隙与孔洞；三要注浆，把防水胶浆压入基体内部，让其充填内部的裂隙孔隙，截断水源通道。

3）结构体采用防水混凝土，并按规定湿养14d以上。混凝土硬固后，做好隔气层，阻挡室温气体进入结构内部。

4）主防水层最好直接做在结构表面。主防水层最好采用涂卷复合方案。

5）细部节点干净后，刷涂或喷涂2mm厚柔性涂料夹贴一层玻纤布或聚酯无纺布增强。节点铺卷材十有九漏。

4.3　混凝土屋面的构造应进行改革

1）几十年来，混凝土屋面一直是正置式（顺置式）构造唱主角，层次多达8～10层，静载重达180～200kg/m²。一旦渗漏，维修困难，而且修缮费用很高。

2）改革方案的探索

（1）基体结构板采用防水混凝土。

（2）结构板无须用水泥砂浆找平，通过电动机械打磨平整，局部凹坑用耐水腻子或防水砂浆找平。

（3）涂复合防水卷材：①柔性涂层2mm厚＋3mm厚改性沥青卷材；②柔性涂料2mm厚＋1.5mm厚PVC或TPO卷材；③冷刷非固化涂料2mm厚＋自粘卷材。

要求在打磨平整的基面上，直接做涂卷复合防水层，让涂液浸入基体。

（4）涂膜防水屋面：在打磨平整的屋面板上，直接喷涂2mm厚（干膜）丙烯酸酯或聚氨酯或聚脲或速凝橡胶涂料。

（5）防水层的保护层：①不抹砂浆、不浇混凝土；②工厂生产时，在生产线上粘接白砂或黄砂或彩砂，即卷材外表面自带保护层；③在黑色卷材、黑色涂膜上喷涂浅色反辐射涂料。

（6）推行内保温：即在顶层屋面板的吊顶内填充隔热保温颗粒或纤维或预制隔热保温部件。

通过以上改进后，屋顶构造层次减少，静荷载减轻，渗漏难以见到，维修方便。

4.4　细部防水的改进设想

屋面天沟、变形缝、伸出屋面管（筒）等部位是屋面渗漏的多发部位，应合理选材与精心施工，并应根据实况科学地处理。

1. 檐沟

一般宽400～500mm，无须铺设隔热保温层与找平层。打磨平整和清理干净后，涂刷或辊涂 2 ～ 2.5mm 厚的 JS 水泥基防水涂料或丙烯酸酯防水涂料或抹压 18mm 厚的聚合物水泥砂浆。

2. 变形缝

缝的两侧现浇 200mm 高的等高混凝土卷边立墙，清理干净后，挤注发泡聚氨酯填缝胶，上口干铺双层 3mm 厚改性沥青聚酯胎防水卷材，并铺设豆石混凝土板盖缝，如图 4-2 所示。

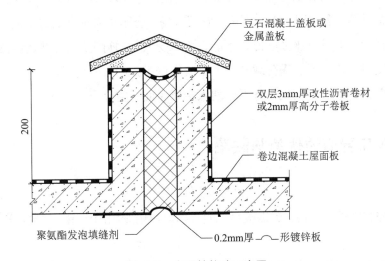

图 4-2　变形缝构造示意图

正置式屋面穿屋面管（筒）根部防水做法，如图 4-3 所示。

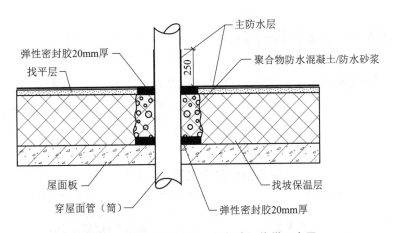

图 4-3　穿屋面管（筒）根部渗漏修缮示意图

第5章
金属屋面渗漏治理技术

金属屋面一般是指彩钢瓦铺设的屋面,有槽形、波形,其材质有不锈钢、镀锌板、铝材、合金材料等,多数用于工业厂房、农贸市场、仓库及临时设施的屋顶。它起避风、挡雨、遮阳作用,本身抗压强度低,不能直接承受人们的行走压重,靠金属檩条、梁柱支撑薄板承受风、雨、雪、霜荷载及工人安装维修维护的临时荷载。

波形树脂瓦类似于彩钢板,本书亦列入金属屋面一类介绍。

5.1 彩钢瓦屋顶的优势与缺陷

1. 优势

质轻;安装铺设进度快;无需天窗;能起挡风避雨遮阳的作用。一次投资相对较低。

2. 缺陷

承受荷载有限;中、大雨时,噪声污染环境;节点较多,渗漏概率大;本体容易腐蚀,耐用年限为 10 年左右。

5.2 新建彩钢瓦屋顶设计要点

1)按相关规范的规定与工程当地气候特征,严格计算梁柱的承载能力与抗风揭能力。

2)预制瓦材的材质、规格、型号、厚度必须严格质控、质监,不能擅自偷工减料。

3)新建金属屋面工程防水做法如表 5-1 所示。

新建金属屋面工程防水做法 表 5-1

防水等级	防水做法	防水层	
		金属板	防水卷材 / 防水涂膜
一级	不应少于 2 道	为 1 道,应选	不应少于 1 道,选用 PVC、TPO、EPDM 时厚度不应小于 1.5mm
二级	不应少于 2 道	为 1 道,应选	不应少于 1 道,选用 PVC、TPO、EPDM 时厚度不应小于 1.2mm
三级	不应少于 1 道	为 1 道,应选	喷涂一道柔性涂料,厚度不应小于 1.2mm

注:若按此表设计,屋面耐用年限可达 20 年左右。

4）屋面排水坡度：压型金属板不应小于 10%，金属夹心板不应小于 5%。

5.3　既有彩钢板屋面渗漏治理的技术措施

1）对工程进行全面勘查，初步确认渗漏原因与渗漏部位，然后有的放矢地进行治理方案设计，经专家评估与业主认可后实施治理。

2）局部渗漏局部修补

（1）搭接缝渗漏：清理干净后，涂刷防腐涂料一道，粘贴耐候丁基胶带（或丙烯酸涂料一布三涂），厚 2mm 左右，宽不小于 12cm，两侧压实粘牢。

（2）锚固点渗漏：清理干净后，紧固螺钉，涂刷耐候弹塑性密封胶密封严实。若原有锚固件腐蚀严重，不能继续使用的，拔掉更换与原锚固件同材质同规格型号，再用耐候密封胶密封严实。

（3）檐沟、天沟渗漏：清理干净后，选用与原防水层相同或相容的卷材 / 涂料进行修补，并确保排水坡度不少于 1%。

（4）水落口渗漏：清理干净后，确保向落水口放坡 5%，并涂刷 2mm 厚高强丙烯酸酯防水涂料夹贴一层玻纤布或无纺布增强。

（5）个别板材本体多处穿孔或锈蚀严重不能继续使用时，选用同材质、同规格型号的新板材进行更换，并做防渗防腐处理。

3）金属板已使用多年，锈蚀严重，普遍渗水。清理干净后，对迎水面和背水面先喷涂一道防锈涂料，再分别全面喷涂 1.5mm 厚速凝橡胶沥青涂料处理；也可采用金属压型衬板加强后，再采用一布三涂工艺。若板材强度降至不能继续避风挡雨时，则拆除旧板材，全面更换新板材，再作防腐防渗处理。

5.4　推行防水保温一体化的金属夹心板

金属夹心板通用规格：长 3.6m、4m，宽 1.2m、1.5m、2m，厚 12cm、15cm。
夹心板的构造如图 5-1 所示。

1. 一体化夹心板的优越性

1）既防水遮阳又保温隔热，还有一定的隔声防噪与装饰作用。

2）有较好的抗压抗拉强度，能承受 $150 \sim 200 \mathrm{kg/m^2}$ 的荷载。

3）工厂预制，现场吊装，符合装配式建筑的发展趋势。

4）耐用年限不少于 20 年。

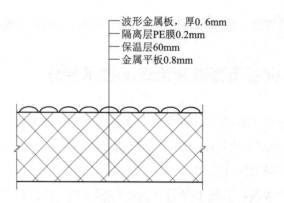

图 5-1　金属夹心板截面示意图

5）耐燃等级不低于 B_2 级。

6）性价比优，维护维修方便。

2. 一体化夹心板的防渗措施

1）金属板确保设计厚度，肋梁强度满足设计要求。

2）拼接缝嵌填弹塑性密封胶 +12cm 宽丁基胶带增强。

3）构件上表面可喷涂浅色防水反辐射涂料，也可铺贴防水卷材，涂膜、卷材的厚度不小于 1.5mm，还可做涂复合防水卷材层。

第6章
卫浴间渗漏治理技术

私家卫浴间一般有下沉式与上浮式两种。面积相对较少，套间地面面积 15 ～ 20m²。商业公用洗浴间地面面积一般为 100 ～ 200m²，多数以洗浴为主、大小便为辅。

6.1　卫浴间渗漏的危害

卫浴间渗漏影响下层与邻居的正常生活与工作，常发生纠纷，甚至吵架、斗殴，还危及结构安全，应重视治理。

6.2　新建卫浴间渗漏防治措施

1）管根细部密封：沿根部周围留槽口 10 ～ 15mm 深，干燥、干净后嵌填聚氨酯密封胶或橡塑改性沥青弹塑性油膏，周边再用聚氨酯防水涂料夹贴一层玻纤布 / 聚酯无纺布做增强附加层，厚 2mm，平面 300mm 宽，并上反管道 150 ～ 200mm。穿板管根细部防渗附加层示意图如图 6-1 所示。

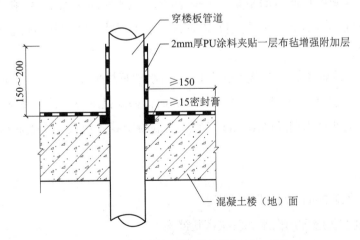

图 6-1　穿板管根细部防渗附加层示意图

2）水平管道接头：涂刷聚氨酯防水涂料 2mm 厚，长 150mm，表面加贴一层聚酯毡或玻纤布增强保护。

3）楼（地）面周边墙根：干燥、干净后，在转角处先嵌填 PU 弹性密封胶，再涂刷 300mm 宽、2mm 厚 PU 防水涂料，表面铺盖玻纤布/聚酯毡保护做附加层，墙根防渗附加层示意图如图 6-2 所示。

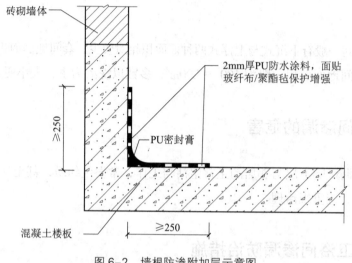

图 6-2　墙根防渗附加层示意图

4）坐便器与楼板连接处用聚氨酯密封胶密封严实，再粘贴一层聚酯无纺布（150g/m² 型号）做保护层。

5）大面防水

（1）底板

下沉式卫浴间的楼面打磨平整，干燥干净后，刷涂 2mm 厚 PU 涂料，表面干铺聚酯无纺布（150g/m²）保护，周边上反 300mm 高。上浮式卫浴间基本同上。

（2）侧墙

四周墙体（砖砌体），干净后粉抹 1：2 防水砂浆找平 20mm 厚，干硬后涂刷 JS Ⅱ 型 2mm 厚涂料，高 1.8m 以上（最好到顶）。墙体如果是现浇或预制混凝土板，无须砂浆找平，但接槎处宜用钢丝网水泥砂浆或豆石混凝土找平压实，干硬后再涂刷 JS Ⅱ 型 2mm 厚涂料。

（3）顶板

干净后可涂刷 2mm 厚 JS Ⅱ 型涂料。

6）盥洗处有关缝隙用白水泥胶浆密封严实。

7）出入门槛：用聚合物防水砂浆填充密实，卫浴地面比室外楼面应低 20mm 左右。

新建卫浴间地面构造如图 6-3 所示。

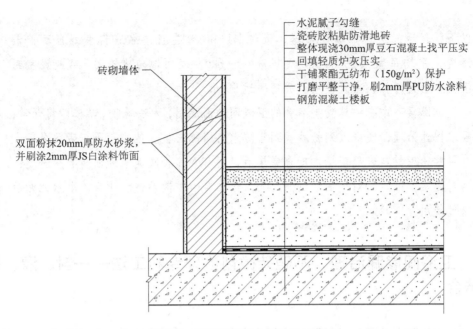

砖砌墙体

双面粉抹20mm厚防水砂浆，
并刷涂2mm厚JS白涂料饰面

水泥腻子勾缝
瓷砖胶粘贴防滑地砖
整体现浇30mm厚豆石混凝土找平压实
回填轻质炉灰压实
干铺聚酯无纺布（150g/m²）保护
打磨平整干净，刷2mm厚PU防水涂料
钢筋混凝土楼板

图 6-3　新建卫浴间地面构造示意图

6.3　既有卫浴间渗漏治理技术措施——不砸砖微创治漏

1）清扫干净，找出漏点，分析渗漏原因，做好标记。

2）四周墙根转折处渗漏，45°斜钻孔，孔距 300 ～ 500mm，孔径 φ10mm，安装注浆嘴，低压（0.2 ～ 0.3MPa）慢灌水泥 – 水玻璃浆液或锢水止漏胶或油溶性聚氨酯注浆堵漏剂。2h 后复灌 1 次。

3）地面渗漏治理

（1）选择地砖交接处，垂直钻孔，孔距 500mm，孔径 φ10mm，深至聚酯无纺布表面；

（2）低压（0.2 ～ 0.3MPa）慢灌墙根同样的注浆材料，2h 后复灌 1 次；

（3）注浆孔压填速凝堵漏王；

（4）地砖缝隙用灰刀嵌压瓷砖胶密封严实。

4）墙面渗水：刮涂速凝复合涂料（$\frac{1}{2}$ 缓凝堵漏王 $+$ $\frac{1}{2}$ K11 灰浆混合物）2mm 厚。

6.4　既有卫浴间地面渗漏治理两步工艺——浸渍法

株洲 430 厂有 300 多个私家下沉式卫浴间地面渗漏，每室平面 6m² 左右，
张耀辉工程师每隔 1m 左右在地砖拼缝交汇点垂直钻 φ10mm 孔，深至回填层

以下；然后，用漏斗做注浆器，灌注 M1500 渗透液，靠液料重力自动扩散渗透，平均每室灌注 M1500 无机液 5～6kg。表面地砖拼缝用 EVA 胶泥密封压实。当天修补，当天使用。成功率达 99%。

湘潭县一中有一栋女生宿舍的卫浴间地面渗漏，无法验收。学校即将开学，要求快速治理，便派人到长沙找到省防水公司陈宏喜。他当天下午带 3 名工人与一些治理材料赶赴现场。勘查完毕后，用 EVA 速凝胶泥对地面所有拼缝逐一密封压实；然后，对地面泼洒 M1500，让其自由扩散渗透。次日，淋水无漏后交付使用。

6.5 卫浴间渗漏治理，不砸砖微创治理专利工法——封、灌、排相结合

广州三为防水补漏公司获得 14 个国家专利，尤其不砸砖微创治理卫浴间专利工法，更受用户欢迎。修补时，用户可使用，而且当天开工当天交付使用，并长期保修。其秘诀就是"封、灌、排"相结合。具体做法如下：①平面钻 $\phi 8$～10mm 的孔，深至结构楼板表面，间距 500～1000mm；②低压（0.2～0.3MPa）慢灌 PMA 丙烯酸·丁腈水溶胶 / 油溶性聚氨酯注浆堵漏剂；③于排水排污主管根部钻 $\phi 12$～14mm 二次排液孔（略低于结构层上表面）；④孔洞缝隙用环氧砂浆封堵严实。

卫浴间治漏必须重视排水，地面必须向地漏放坡 5% 左右。地漏上口必须低于平面 3～5mm，地漏周边必须用弹塑性密封胶密封严实。地漏排液示意图如图 6-4 所示。

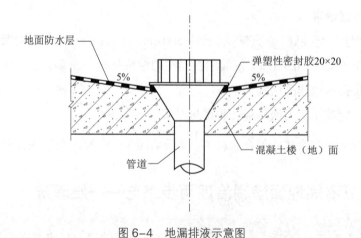

图 6-4 地漏排液示意图

第7章
地面外墙渗漏治理技术

地面外墙起避风、挡雨、遮阳的作用，为人们提供工作与生活环境。外墙一旦渗漏，不但给人们工作与生活带来不便，而且危及结构安全，降低使用寿命。

现代建筑的地面外墙按《民用建筑设计统一标准》GB 50352—2019，将住宅建筑依层数划分为：一层至三层为低层住宅，四层至六层为多层住宅，七层至九层为中高层住宅，十层及十层以上为高层住宅。除住宅建筑之外的民用建筑高度不大于24m，为多层建筑，大于24m为高层建筑；建筑高度大于100m的民用建筑为超高层建筑。各有优势与劣势。地面外墙无论高低，都应根据工程所在地的气候特征与防水等级要求，进行整体防水设计。对于相关细部节点，还应设计附加防水层。

7.1 新建外墙预防渗漏措施

1）新建工程地面外墙防水层做法，应符合《防水通用规范》中"建筑外墙工程"的相关规定，确保不渗、不漏及使用寿命不少于25年。

2）防水等级为一级的框架填充墙或砌体结构外墙应设置二道及以上的防水层。防水等级为二级的框架填充墙或砌体结构的外墙，应设计一道及以上的防水层。当采用二道防水时，应设置一道防水砂浆及一道防水涂料。

3）防水等级为一级的现浇混凝土外墙、装配式混凝土外墙应设置一道及以上防水层。

4）封闭式幕墙应达到一级防水要求。

5）地面外墙门窗洞口节点防水构造：

（1）门窗与墙体间连接处的缝隙应采用耐候弹塑性密封材料嵌填密实；

（2）门窗洞口上楣应设置滴水线；

（3）窗台处应设置排水板，坡度不小于5%，板与窗套间的缝隙应用弹塑性密封胶嵌填密实。

6）雨篷、阳台、室外挑板等防水做法应符合下列规定：

（1）雨篷应设置外排水，坡度不小于1%，外口下沿应做滴水线。雨篷与外墙交接处的防水层应连续，且防水层应沿下口下翻至滴水线。

（2）敞开式外廊和阳台的楼面应设防水层。阳台坡向水落口的排水坡度不应小于1%。水落口周边应留槽嵌填密封胶。

（3）室外挑板与墙体连接处应采取防雨水倒灌措施。

7）外墙变形缝应采取防水加强措施

（1）缝内嵌填阻燃挤塑板或改性沥青麻绒；

（2）增设卷材附加层，卷材两侧应满粘于墙面，满粘宽度不应小于150mm；

（3）表面设置 0.3mm 厚、300mm 宽的＿／\＿形镀锌盖缝板或 0.2mm 厚不锈钢板盖缝；

（4）卷材与盖缝板应用水泥钉 @300mm 锚固。

8）穿墙管应设计套管，管道与墙体连接处的缝隙用非下垂型弹塑性密封胶密封严实。管根迎水面刷涂 2mm 厚弹塑性防水涂料作附加增强层。

9）外墙预埋件和预制部件应做好防锈蚀处理，四周涂刷密封材料密封严实。

10）装配式混凝土结构外墙接缝防水止水措施如图 7-1、图 7-2 所示。

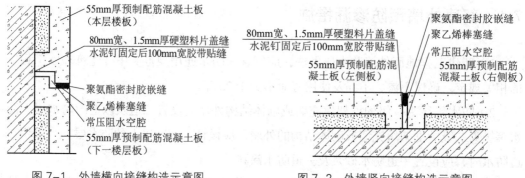

图 7-1　外墙横向接缝构造示意图　　　　图 7-2　外墙竖向接缝构造示意图

7.2　既有工程外墙渗漏治理的技术措施

1）防水专业公司的有关技术人员赴现场勘查，做好记录，做出渗漏标记，写好调研报告，初步做出治理方案。由业主邀请防水专家论证后形成正式治理方案。然后，防水公司做出治理施工组织设计，经设计院或业主批准后组织职工正式实施。

2）根据"治漏方案"并遵照《防水通用规范》的规定，优选合适材料，向参施人员进行技术交底，强调按期高质量地完成修缮任务。

3）修缮材料产品必须符合现行国家标准、部颁标准（行业标准）或地方标准的规定。

材料与施工机具提前 1 ～ 2d 进场。需要复检的产品应超前 20d 见证抽样，送国家授权单位复验，复验不合格产品不得用于工程。

4）查验参与施工的骨干人员的上岗证，要求持证上岗。

5）地面外墙细部节点是治漏的重点与关键，必须精细作业、匠心施工，确保 25 年不渗、不漏。

6）外墙大面积宜采用喷涂工艺施工耐候防水涂料，厚度不小于 2mm。

7）严格质量监控，施工中应执行"自检—互检—专检"相结合的"三检"制度。隐蔽工程应逐一验收，并摄像存档。

8）多层建筑涂料外墙，如果粉化、碳化、风化、起鼓、开裂严重，应剔除粘结不牢部分，局部粉抹聚合物防水砂浆修补平整。在此前提下，喷涂环氧树脂浆液，全面固结基面，再做表面 2mm 厚丙烯酸防水涂料。

9）原有瓷砖饰面外墙渗漏，清理表面后对拼接缝指压或刮涂丙烯酸水泥胶浆，无渗漏后满面喷涂两遍有机硅憎水剂（或透明防水胶）。

10）薄抹灰防水保温外墙渗漏修缮做法

（1）局部破损或渗漏，扩大面积局部修补。

（2）大面积破损或渗漏，宜全面地拆除原有防水保温层，干净后喷涂 2mm 厚丙烯酸涂料防水饰面。

7.3　多层建筑外墙渗漏或严重破损的维护翻新做法

1）二三层城乡居民住宅外墙的维护翻新：20 世纪 50—60 年代，"干打垒"土筑墙不少，经几十年风雨侵蚀，外墙外表面严重风化，普遍疏松，有些因地基不均匀沉降或结构变形，出现深长裂缝。这样的外墙，先除去疏松层，干净后喷涂 / 刷涂二道界面剂，然后粉抹 20 ～ 25mm 厚 1 : 2.5 水泥砂浆，再刮涂 3mm 厚石灰纸筋罩面。裂缝处等干净后，缝内填充 1 : 8 水泥珍珠岩 / 蛭石，表面粉抹 10mm 厚 1 : 3 水泥砂浆，再粉抹 3mm 厚石灰纸筋罩面。

广东、广西一带地域，有些维修公司利用新材料在表面喷绘五颜六色的彩图，称为"铜墙铁壁"。既避风挡雨，又美化环境。

2）城乡多层商住楼，砖砌外墙，有些是"清水墙"。多数是水泥砂浆外墙，经多年天然条件影响，出现局部渗漏或破损。这类外墙应铲除疏松、起鼓、开裂、风化破损部位。干净后，先喷刷 2 道界面剂，再分厢粉抹 12mm 厚聚合物防水砂浆，最后，喷涂 1.5mm 厚丙烯酸涂料防水饰面。分厢缝距宽 1.2m、高 1.5m，缝内嵌填 10mm 厚弹塑性密封胶，留 5mm 槽排水。

3）20 世纪 70—80 年代，不少商住楼外墙粘贴马赛克饰面，现在有些马赛克剥离掉落，有些墙面出现深长裂缝，有些局部渗漏。这类外墙维修做法：①铲除疏松、起鼓、掉落部位的马赛克与砂浆，清理干净；②喷刷 2 道界面处理剂；③满面粉抹 12mm 厚聚合物防水砂浆；④表面喷刷 1.5mm 丙烯酸酯防水涂料。

7.4　高层与超高层或特高外墙渗漏维修做法

1）局部渗漏局部扩大面积修补：

（1）维修人员必须经过培训，掌握高空作业的专业知识与技能，身体健康，年龄不超过 50 岁，取得"蜘蛛人"的上岗证。上墙连续作业时间不超过 2h。

（2）采用吊绳、吊篮作业，吊绳、吊篮与屋顶的两个支点必须连接牢固，运行灵活，并有专人协调运行。吊绳、吊篮必须劳动保护合格。

（3）作业人员工具与材料负荷每人不超过 20kg，修补材料随呼随到。

（4）修补应选用耐候、速凝、抗老化的冷用产品。

（5）对裂缝处应轻凿凹槽，干净后嵌填 20mm 厚以上非下垂型弹塑性密封胶，再嵌填聚合物防水砂浆，压实刮平；最后，涂刷 2mm 厚、20cm 宽的丙烯酸酯涂料，夹贴一层聚酯无纺布增强。也可粘贴一层丁基胶带，做附加增强层。

2）17 层以上超高层外墙，若使用年代较长，破损与渗漏严重，应从上往下剔除原有保温防水层，清理干净，打磨平整，喷涂 2mm 厚丙烯酸酯涂料做防水装饰层。外保温改为内保温。

3）高层与超高层外墙应重视阻燃防火，防火等级达 A 级要求。

7.5　文化石外墙渗漏修补做法

1）外墙面，低压慢灌锢水止漏胶或丙烯酸盐注浆液，尽可能使墙体密实。

2）外墙内表面有的放矢地灌注堵漏液。

3）混凝土圈梁界面缝渗漏，应在室内沿缝剔凹槽 5cm 深。干净后，先嵌填 2cm 厚弹塑性密封胶，再嵌填聚合物防水砂浆，压实刮平。

第8章
地下工程渗漏治理技术

8.1　地下工程防渗漏概述

地下工程是指民用与公共建筑的地下室、地下商场、地下车站、地下人防工事、地下综合管廊（共同沟）、地下仓库、地下试验室、地下隧道等建（构）筑物。按土木工程施工方式，可分为明挖法地下工程、暗挖法地下工程（有矿山法、盾构法、顶管法与箱涵顶进法）及盖挖逆作法地下工程。

地下工程一旦渗漏，不但影响人们的正常工作与生活，而且危害结构安全与使用寿命。新建工程应高度重视渗漏预防，既有工程渗漏必须及时治理。

地下工程防水设计工作年限应与结构主体同寿命，并不得少于50年。其中，地下综合管廊工程合理使用年限不得少于100年。

8.2　地下工程设防等级及防水标准

地下工程防水等级一般划分为三级，各级抗渗等级、防水标准及设防要求如表8-1所示。

地下工程抗渗等级及设防要求　　　　　　　表 8-1

防水等级	抗渗等级			防水标准	设防要求
	市政工程现浇混凝土结构	建筑工程现浇混凝土结构	装配式衬砌		
一级	≥P8	≥P8	P10	不允许渗水，结构表面无湿渍	防水混凝土＋2道外设防水层（防水卷材或防水涂料）
二级	≥P6	≥P8	P10	不允许漏水，结构表面可有少量湿渍	防水混凝土＋1道外设防水层（防水卷材或防水涂料）
三级	≥P6	P6	P8	有少量漏水点，不得有线流和流砂	防水混凝土

8.3　地下工程对迎水面结构的抗渗要求

地下工程迎水面主体结构应采用防水混凝土，结构厚度应不小于250mm。寒冷地区抗冻设防段，防水混凝土抗渗等级不应低于P10。

受中等及以上腐蚀性介质作用的地下工程混凝土强度应不低于C35，抗渗等级不应低于P8。

8.4　地下工程防治渗漏应防排结合

地下工程防治渗漏应贯彻防排相结合的原则。在做精防渗的同时，必须采取有效的排水措施，使地下工程各方渗水及时汇集、引流，排至室外市政排水网络。

1）地下工程底板应合理设计分仓缝：地下空间的底板应合理设置分仓缝（缝距不大于4～6m）、排水沟、集水井（坑）。缝沟纵向排水坡度以0.2%～1%为宜。

分仓缝（又叫分厢缝、分格缝）的作用：①释放变形应力，规避或减少日后底板新的裂缝；②收集柱根与地面渗水，将这些渗水及时引导至排水沟；③将冷凝水与界面渗水导入排水沟。

分仓缝一般宽20～30mm，深至底板结构上表面，缝槽三向不须密实密封，只要求坚实、规整，便于结构板与饰面层之界面渗水的收集。

2）排水沟一般宽400～500mm，深至底板混凝土垫层上表面，沟内三向只须用1:2.5水泥砂浆找平压实。沟距视汇水面积，经计算确定。

3）集水井（坑）：井的大小与数量由设计部门经计算确定。井深宜至地基垫层。井内四壁应现浇C35钢筋混凝土。混凝土应内掺水泥量5%～8%的CCCW渗透结晶型材料。

4）井内安装自控排水泵。井坑上口应铺设盖板。

8.5　地下工程大面积防渗漏防腐蚀的技术措施

1）明挖法地下工程底板防护做法

（1）地基基础必须夯实，压缩系数不得小于0.94。

（2）混凝土垫层视实况，现浇C15混凝土，厚度不得小于100mm。

（3）抗浮锚杆的形式、材质由设计部门决定。

（4）垫层中的池坑细部应做附加增强防护层，宜采用湿面自粘卷材。加筋改性沥青卷材的厚度宜为 3mm，内增强高分子防水卷材的厚度宜为 1.5mm。

（5）底板垫层上大面积宜预铺反粘防水卷材，采用空铺法施工。若采用湿面自粘改性沥青卷材，厚度宜为 4mm；若采用高分子自粘卷材，厚度宜为 1.5～1.8mm。卷材的搭接宽度不得小于 100mm。

（6）现浇防水钢筋混凝土底板，底板厚度由设计部门经计算后决定，但不得薄于 250mm。混凝土拌合时，应内掺水泥量 5% 的 CCCW 渗透结晶剂或 8% 的 UEA 膨胀抗裂剂，制作成防水混凝土。也可按结构自防水混凝土的工艺，制作防水混凝土。

（7）底板硬固后，上表面清理干净，粉抹 12mm 厚聚合物防水砂浆，再按设计要求做饰面层。

2）明挖法地下工程现浇钢筋混凝土侧墙（迎水面外墙）防护做法

（1）外墙厚度由设计部门经计算后确定，但不得薄于 250mm。

（2）侧墙要求制作防水混凝土。

（3）多层（2～5 层）地下侧墙迎水面宜做高分子涂膜防护。例如，选用 2.5～3mm 厚加筋湿固化聚氨酯防水涂料、冷施工非固化橡胶沥青涂料、聚酯（AMM）涂料、聚氨酯改性环氧树脂涂料等。也可铺贴胶粘高分子防水卷材，但厚度宜为 2mm 以上。

（4）一二层地下侧墙迎水面宜喷涂速凝橡胶沥青涂料、喷涂聚脲涂料、喷涂聚氨酯涂料等。也可胶粘或自粘高分子防水卷材，厚度 ≥ 1.8mm。

3）明挖法地下工程顶板防护做法

（1）打磨平整并干净后，喷涂基层处理剂 1～2 道，热熔铺贴双层 4mm 厚改性沥青卷材或自粘双层 1.8mm 厚 PVC/TPO 高分子卷材，也可粘贴双层 1.8mm 厚高分子自粘胶膜。

（2）平整干净后，喷涂 3mm 厚速凝橡胶沥青涂料 / 聚氨酯涂料 / 聚脲涂料。中间夹铺一层玻纤布 / 聚酯无纺布增强，上表面铺盖一层无纺布保护。

8.6　民用与公共建筑地下室渗漏治理做法

1. 事前准备工作

（1）通风透气：将地下抽（排）风设施打开，抽（排）出地下空间的气体，换进新鲜空气，使作业人员舒适地工作。

（2）启动集水井（坑）自控抽（排）水系统，将地面积水排至室外市政排水网络。

（3）全面清理，排水畅通，让渗漏点、线、面原形毕露，做好标记与记录。

（4）根据调查勘察实况，起草治漏方案，邀请相关部门的负责人与专家论证修缮方案，经业主与原设计部门审批后，防水商做好"施工组织设计"。业主同意后，向治理参施人员进行技术交底，统一思想协调行动。

（5）分工协作：①底板平面在 500m² 以内的小型工程，由 1 个综合小组修缮。修缮次序：顶板→侧墙→底板→池（坑）。②底板在 1 万 m² 左右的中型工程，由 3 个综合小组修缮。顶板、侧墙、底板三个部位各安排 1 个小组同时进行。③底板在 1 万 m² 以上的大型工程，由若干专业小组轮流上岗作业。作业顺序：堵漏与灌浆→细部节点修补→池（坑）修补→大面积铺贴卷材或喷（刷）防水涂料→保护层与饰面层施工。

2. 修缮工艺工法

1）先零星堵漏

（1）点渗：用钢錾剔小洞，直径 30mm 左右，深 40～50mm。干净后，用速凝堵漏王干硬性胶浆直接封堵压实。

（2）点流：手工錾凿扩孔，围绕漏点，剔圆柱形坑，直径 50mm 左右，深 70mm 左右。干净后，用"3/4 速凝堵漏王＋1/4 石英砂"胶砂混合物分层封堵压实，直至无渗水为止。

（3）面渗：周边扩大 150mm，剔除找平层，干净后，刮涂速凝堵漏王（内掺 20%CCCW）胶浆 3 遍，再粉抹聚合物防水砂浆压实找平。

（4）线漏：剔 U 形槽，宽 20～30mm，深 70mm 以上，两端各延伸 100～150mm。干净后，分层嵌填"3/4 速凝堵漏王＋1/4 石英砂"胶砂混合物封堵严实。表面涂刷 200～250mm 宽环氧树脂防水涂料，夹贴一层玻纤布/聚酯无纺布增强。

深长裂缝与贯通裂缝，先钻斜孔 $\phi10@250$，低压（0.2～0.3MPa）慢灌"锢水止漏胶"密实内部微孔小洞，再接上述工艺封堵缝槽。

（5）涌水、喷水处的治理：分四步进行。首先，向分仓缝或排水沟引流，将孔、缝内积水自然排出，降低水压，减轻流水与喷水；第二步，重力灌注速凝细石混凝土；第三步，低压（0.2～0.3MPa）灌注油溶性聚氨酯注浆堵漏剂或锢水止漏胶或渗透性环氧树脂注浆液，0.5h 后复灌 1～2 次；第四步，观察 24h 无渗水后，周边扩大 15cm，粉抹聚合物防水砂浆找平压实。

在施工过程中，岩土出现突涌现象，则抢险处理：组织人员尽快配制速凝混凝土，一边抛石块，一边洒灌混凝土浆料。水压降低后，按常规进行化学灌浆（水泥－水玻璃）处理。如果岩石裂隙突涌，一边引流排水，一边灌注水溶性聚氨酯注浆液，以水止水。突涌止住后，再低压慢灌环氧树脂注浆液，密实和加固围岩。

2）细部节点渗漏修缮

（1）变形缝（含沉降缝、伸缩缝）渗漏修补：地下工程一般 30～50m 设置一条环向变形缝。因多种原因，中埋止水带局部破损、位移或与基面剥离。修补做法：先从

缝内两侧垂直钻孔 $\phi12@500$ 左右，穿过止水带，以 0.3MPa 压力向迎水面灌注水泥 – 水玻璃，再造挡水屏障，止住明水。然后，清理中埋止水带背水面。干净后，粘贴两层双面自粘丁基胶带，并与两侧缝壁粘牢。再向缝内挤注发泡聚氨酯，背水面缝口留槽 25mm，刮批非下垂聚氨酯密封胶。最后，用 0.3mm 厚 ⁄\ 形镀锌板封盖。变形缝维修示意图如图 8-1 所示。

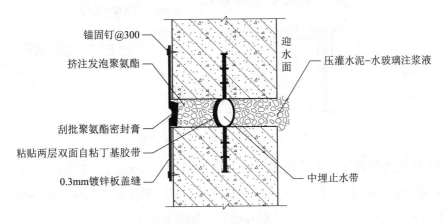

图 8-1　变形缝维修示意图

（2）施工缝渗漏修补：对渗漏处剔 V 形槽，深 100mm 左右，干净后嵌填 20mm 厚的聚氨酯密封胶，再嵌填聚合物防水砂浆，表面涂刷环氧树脂防水涂料，夹贴一层玻纤布 / 无纺布增强，宽 25cm，如图 8-2 所示。

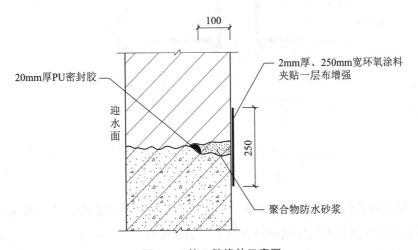

图 8-2　施工缝修补示意图

（3）穿墙管根部渗漏修补：剔除疏松开裂的砂浆与失效的密封胶。干净后，重新嵌填密封胶并粉抹聚合物防水砂浆，如图 8-3 所示。

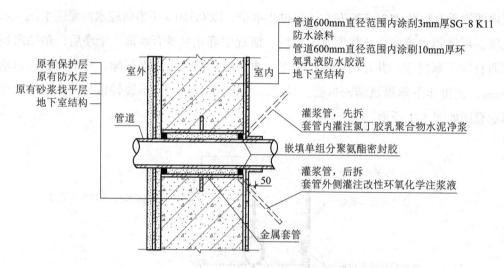

图 8-3　穿墙管道渗漏修缮示意图

（4）柱根渗漏修补：沿柱根剔 V 形凹槽，深 80 ～ 100mm，干净后嵌填 50mm 厚聚合物防水砂浆，再灌注湿面可施工的聚氨酯密封胶，表面刷涂 2mm 厚、300mm 宽的 L 形环氧涂料，夹贴一层玻纤布／无纺布增强，如图 8-4 所示。

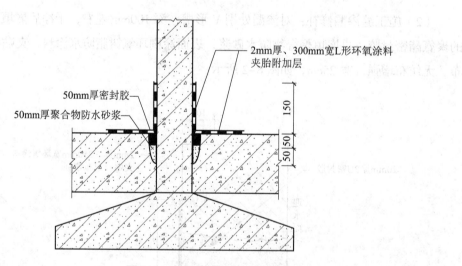

图 8-4　柱根渗漏修补示意图

（5）后浇带渗漏修补：局部渗漏，采用堵漏王局部快速止水；严重渗漏，应针对工况实际，采用注浆与面层增强相结合的工艺工法修补。

后浇带渗漏治理工艺工法：

①沿后浇带两侧分别扩宽 250mm，切錾 150mm 深的凹槽，先切割再用钢錾剔除混凝土，将疏松混凝土与砂浆清理干净。

②垂直钻 $\phi8$ 注浆孔，孔距 250mm 左右，孔深 70mm，呈梅花状布孔，安装自制 $\phi8$ 直通铝管，用堵漏王固定；然后，安上塑料软管，起导水引水作用，将底板后浇带渗漏水引入排水沟。

③凹槽引水管稳定 24h 后，将凹槽用压力水冲清干净。用"拖把"将明水清除，涂刷两遍水泥基渗透结晶型防水涂料。

④对凹槽两侧底角安装通长 20mm×30mm 的遇水膨胀橡胶止水条，表面保护膜不撕掉，用水泥钉锚固，钉距 500mm。止水条搭接处切成 45°斜面；然后，用氯丁橡胶胶粘剂相互胶接，并覆膜保护。

⑤浇捣与底板同强度等级的防水混凝土（内掺水泥量 10% 的水泥基渗透结晶型粉料），随捣随压实抹平。然后，用微型平板振动器振捣密实，保湿养护 14d。

⑥压力灌注改性环氧树脂堵漏注浆液，压力控制为 0.4～0.5MPa，次日 2 次压灌环氧堵漏液，最大压力不超过 0.6MPa。观察一星期，无任何渗漏后，切割外露注浆管，并用环氧树脂防水砂浆填充管孔。

⑦对后浇混凝土表面精细清理干净，周边再扩大 250mm，用玻纤布与环氧胶泥全面涂刷二布四涂增强层，玻纤布错缝搭接 100mm。后浇带渗漏治理如图 8-5 所示。

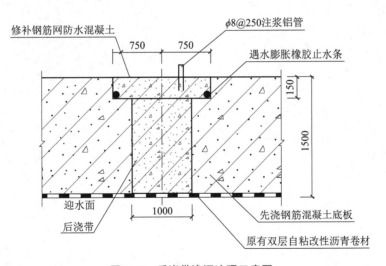

图 8-5　后浇带渗漏治理示意图

（6）墙体拉筋处渗漏修补，对拉螺杆渗漏修缮如图 8-6 所示。

（7）电梯井渗漏。干净后，用环氧树脂涂料变换方向涂刮两道，厚度不小于 2mm，并夹贴一层胎体材料增强。面层再粉抹 20mm 厚聚合物防水砂浆。

3）大面积渗漏修补工艺工法

（1）顶板：在背水面刮涂 6mm 厚环氧树脂防水砂浆，再涂刷白色 1.5mm 厚环氧防水涂料，夹贴一层玻纤布/无纺布增强。

（2）侧墙：在背水面刮涂 1mm 厚 CCCW 胶浆以后，再涂刷/喷涂白色 2mm 厚环氧防水涂料，夹贴一层胎体材料增强。

（3）底板：车库底板按使用功能可做环氧地坪或耐磨砂浆地坪，并按相关要求做好地面标记。

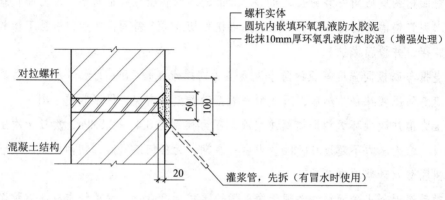

图 8-6　对拉螺杆渗漏修缮示意图

第9章
隧道工程渗漏治理技术

9.1　明挖法地下隧道工程防渗防护做法

1）隧道底板两侧应设置排水沟，沟宽 50 ～ 80mm，沟深 80 ～ 100mm。隧道底板向两侧排水沟放坡 1% 左右。

2）视工程实况，设置集水井（坑）。井坑内安装自控智能化排水设施，确保隧道内不得积水。

3）主体现浇防水混凝土应符合《防水通用规范》第 4.2 节的规定。在迎水面外设防水层的做法，如表 9-1 所示。

主体结构防水做法　　　　　　　　　　　　表 9-1

防水等级	防水做法	防水混凝土	外设防水层		
			防水卷材	防水涂料	水泥基防水材料
一级	不应少于 3 道	为 1 道应选	不少于 2 道：叠层卷材、叠层涂料或 1 道卷材＋ 1 道涂料		
二级	不应少于 2 道	为 1 道应选	不少于 1 道：1 道卷材或 1 道涂料		
三级	不应少于 1 道	为 1 道应选			

注：水泥基防水材料指防水砂浆、外涂型水泥基渗透结晶型材料

9.2　矿山法地下工程防渗防护措施

相关措施应符合《防水通用规范》第 4.3.1 ～ 4.3.4 条的规定。

1）盾构法隧道工程的防渗防护措施

应符合《防水通用规范》第 4.3.5 条的规定。

2）顶管和箱涵顶进法隧道工程防水应符合下列规定：

（1）管节接头应设置橡胶密封垫。

（2）管节接头应满足结构最大允许变形下密封防水的要求。

（3）接头部位钢承口应采取防腐措施。

3）盖挖逆作法工程防水做法应符合下列规定：

（1）外设防水层做法应符合《防水通用规范》表 4.2.1 的规定。

（2）叠合式结构的侧墙等工程部位，外设防水层应采用水泥基防水材料。

（3）装配式地下工程构件的连接接头设计应满足防水及耐久性要求。

9.3 既有地下隧道工程渗漏治理技术措施

1）堵、排结合：疏通排水沟、集水井，将结构体的渗水与地下空间冷凝水顺畅地排至隧道外面的市政排水网络。

2）零星渗漏、局部渗漏、参照本书第 8 章地下工程渗漏治理技术相关措施进行局部修缮。

3）隧道本体流水、流砂，应剔槽扩洞，先注浆止水，一般灌注水泥 – 水玻璃浆液或水溶性聚氨酯注浆堵漏液，再复灌环氧注浆液，直至无明水渗出，然后回填聚合物防水砂浆压实刮平。在此基础上，面层刮涂 2mm 厚、50cm 宽的环氧防水涂料，并夹贴一层聚酯无纺布增强。

4）隧道面渗，周边扩大 50cm 范围，干净后喷涂或刮涂 2mm 厚的"$\frac{1}{2}$堵漏王 $+\frac{1}{2}$ CCCW 渗透剂"混合浆料处理。

5）分仓缝渗漏：先壁后灌注水泥 – 水玻璃浆料，再造迎水面阻水层；缝内喷注聚氨酯发泡剂；背水面缝口嵌填 20mm 厚非下垂型聚氨酯密封胶；骑缝粘贴 1.5mm 厚、30cm 宽丁基胶带盖缝；沿缝安装 $\phi10@300$ 注浆胶管，平日排水、排气，再复漏水时做注浆导管。

第 10 章
道桥工程防渗防护技术

道桥工程的防渗防护包括高速公路、普通公路的路面与桥梁工程设施及铁路桥梁的防渗防腐。既要做好新建工程的渗漏预防工作，又要考虑既有工程的维护、维修。

我国现有公路 80 多万 km，其中高速公路 14.96 万 km；现有铁路 19 万多 km，其中高铁 4 万多 km；现有桥梁 96 万座。前人在建设中积累了许多好经验，也取得了不少教训。经验与教训都是宝贵财富。我们应汲取精华，创新建设高质量的道桥。

本章重点介绍高速公路路面、混凝土桥梁与金属桥梁三方面的防渗防腐技术措施。

10.1 高速公路路面建设

我国现有高速公路约 15 万 km，2023 年又增加 3000 多 km。高速公路路面构造如图 10-1 所示。

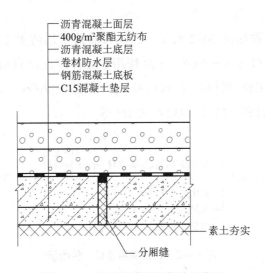

图 10-1 高速公路路面构造示意图

1. 路桥防水防护的特点

（1）路桥建成后，长期暴露在大气中，经受高低温与风雨雪霜的侵蚀，比一般建（构）筑物更易老化、碳化与腐蚀。

（2）车辆频繁运行，不但承受不同活荷载，而且受急刹车冲击。

（3）路面沥青混凝土因多方因素影响，铺装层内存在孔洞孔隙，车辆带水运行碾压，产生"唧筒"效应，瞬间形成巨大的脉冲水压，促进不干净的压力水侵蚀混凝土。日复一日，路桥中的钢筋和混凝土遭受严重的腐蚀性破坏。

（4）路面基体以刚性材料为主。当路面反复受外力作用时，就会产生剪切应力集中，导致路体产生"零"延伸的破坏。

2. 路桥防水防护材料的选择要求

近20年来，我国工程技术人员在吸取国外经济发达国家先进经验的基础上，经过科研与工程实践形成了许多共识，创新发展了路桥防水防护事业。

（1）多道设防，防排结合。

（2）路桥防水层应具有足够的抗变形能力和较高的强度。

（3）防水层具有良好的塑性变形能力和足够的厚度，足以抵制"零"延伸。

（4）防水层具有足够的抗拉强度，用以阻止或延缓反射裂隙进入路面结构。

（5）防水层应具有良好的耐高低温性能及与基体的强粘结性能。

（6）路桥金属设施均应进行防锈防腐处理，防水材料也应具备一定的抗酸碱盐侵蚀能力。

3. 目前路桥常用的防水材料

1）防水卷材

常用防水卷材品种如图10-2所示。已发布的路桥用防水卷材标准：《道桥用改性沥青防水卷材》JC/T 974—2005、《路桥用塑性体改性沥青防水卷材》JT/T 536—2018、《公路工程土工合成材料 防水材料》JT/T 664—2006、《公路工程土工合成材料 第4部分：排水材料》JT/T 1432.4—2023等。

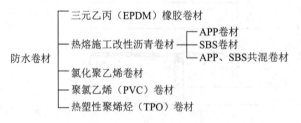

图10-2 路桥常用卷材品种图示

2）防水涂料

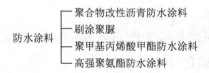

3）防水密封材料

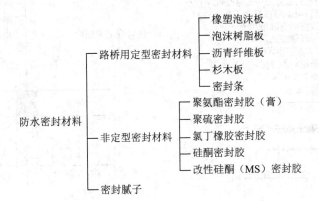

4）灌浆材料

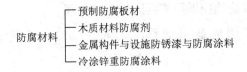

5）防腐材料

防腐材料
├ 预制防腐板材
├ 木质材料防腐剂
├ 金属构件与设施防锈漆与防腐涂料
└ 冷涂锌重防腐涂料

4. 高速公路路面防水设计要点

1）卷材防水层根据性价比优的条件，宜首选高耐热塑性体（APP、APAO）改性沥青卷材，卷材的外观质量与理化性能应符合交通行业标准《公路工程土工合成材料　防水材料》JT/T 664—2006 的规定。其中，耐高温性能极其重要，卷材的耐热温度要达到 130 ～ 160℃，才能满足卷材上摊铺热沥青砂的要求。

2）公路若采用水泥混凝土路面，其卷材防水层也可采用聚酯毡弹性体（SBS）改性沥青防水卷材或塑料防水板。

3）防水层的构造：路面工程防水层可选用单层 4mm 厚塑性体（APP）或弹性体（SBS）改性沥青卷材。

4）细部构造处理：

（1）路面伸缩缝的做法如图 10-3 所示。

（2）横向分仓缝（分格缝）的做法：缝距 3 ～ 4m，缝宽 20 ～ 30mm，缝深至基础岩土，缝的构造如图 10-4 所示。

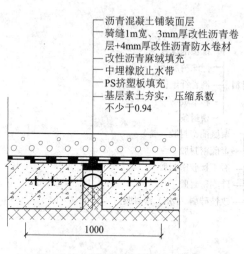

图 10-3　路面伸缩缝防渗示意图

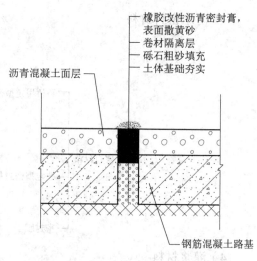

图 10-4　路面分仓缝防渗示意图

（3）施工缝：横向施工缝最好留在横向分仓缝处，二缝合一，灌注改性沥青胶处理；纵向施工缝宜安装隔离卷材、防腐木板，也可灌注橡胶改性沥青密封胶，缝宽 3～5mm，缝深至路基找平层。

（4）桥头搭板、隔离墩、缘石底部均应满铺防水卷材。栏杆底座也需要卷材包上。

5）路面所有金属设施均应做可靠的防锈防护处理。

6）路桥弯道沥青层应适当加厚，在 90°～135° 全弯道内铺设，厚度宜为 55～95mm。

5.路桥卷材防水层应精心施工

1）混凝土表面应坚实、平整且粗糙度适宜，用打磨机去除浮浆，用吸尘器清理灰尘。表面起砂采用环氧树脂胶液固结，基面含水率应在 9% 以下。

2）喷涂基层处理剂：选用与卷材相容性好的固含量 35%～60% 的冷用涂料，喷涂（大面）或刮涂（细部）两遍，第一遍完全干后施做第二遍，两遍涂层方向垂直，材料用量约为 0.5kg/m²，要求涂布均匀，不露底、不堆积、不流坠。

3）做好细部附加层：细部节点多为异形，宜刷涂或刮涂与主防水层相容性好的涂料做附加层，厚度不少于 2mm，并夹贴一层胎体材料增强，宽度为 300～500mm，将微孔小洞与裂缝裂隙密封严实。某些细部，如侧角、斜面，也可粘贴卷材做附加层。

4）弹卷材铺贴控制基准线：根据卷材的具体规格尺寸与铺贴方向，在基面上用色粉弹出卷材铺贴的基准线，以保证卷材铺贴平直与搭接准确。卷材铺贴方向可纵向可横向，视基面坡度大小决定。坡度小于 5% 时，卷材宜纵向铺贴；坡度大于 15%，宜横向铺贴。

5）卷材铺贴层数：一般多数为一层，某些部位可为二层。采用高聚物改性沥青卷材一般采用一层 4mm 厚，采用高分子卷材一般用一层 1.8 ～ 2mm 厚的卷材。

6）卷材搭接尺寸要求：长边搭接应为 100mm，短边搭接为 150mm。邻幅卷材短边搭接应相互错开 500mm 以上。叠层卷材铺贴，上下两层不得相互垂直。

热铺卷材搭接应挤出热沥青胶并辊压平整。冷粘贴卷材应沿搭接缝刮抹 8 ～ 10mm 宽的密封胶密封严实。

7）卷材铺贴方法

（1）热熔焊铺改性沥青卷材的铺贴：3 人配合，2 人持喷枪对卷材横向来回加热，待隔离 PE 膜熔成网状与沥青胶黑亮时，将卷材向前滚动 500 ～ 600mm，随即从卷材中部向两侧抹压，赶走界面空气，如此循环作业。另 1 人随即持钢辊碾压卷材，进一步排除界面空气，使卷材与基面紧密贴合，粘结面积不得低于 99.5%。

（2）高分子卷材冷胶贴技术要点

用于公路路面的高分子卷材主要有三元乙丙（EPDM）橡胶卷材、氯化聚乙烯（CPE）卷材与氯化聚乙烯橡胶（或树脂）共混卷材及塑料防水板。其施工工艺工法有共性，也有各自产品的特殊要求。多数产品采用胶粘剂满粘工艺冷施工。现以氯化聚乙烯卷材冷粘法为例，简介其技术要点。

①基层应坚实、平整、干燥、干净，无用的凸突物必须剔掉，凹槽孔洞刮环氧改性水泥腻子密实刮平。浮渣浮浆均应剔除，用电动吸尘器清除浮尘。

②对基面涂刷基层处理剂 CX-404 胶（氯丁胶粘剂），开桶搅匀后，用长柄滚刷均匀滚涂，不堆积、不流垂、不露底，一般涂刷二遍，一遍表干不黏手时变换方向涂刷二遍，材料用量约为 0.35kg/m²。

③展铺法施工工艺：a. 根据路面宽度与卷材尺寸在基面上弹彩灰基准线；b. 将一卷卷材展开平放于基面 20min 左右释放应力，然后按基准尺寸加搭接宽度裁剪卷材并编号，将卷材重新卷捆轻轻移至基准线内再摊开于基面；c. 将卷材待贴面内 1/2 均匀涂刷 404 胶液，指触不黏手时，将卷材粘贴于基面，并用手抹压平整，挤除界面空气。接着，用前述方法粘贴另一半卷材；d. 随后，由一人持胶辊辊压平整，使卷材与基面紧密粘合；e. 末端收头必须用聚氨酯或耐候硅酮密封胶封闭。

④拉铺法施工工艺：a. 基层要求与处理及胶粘剂与展铺法相同；b. 将释放应力后的卷材套入 φ150mm 的圆筒上，筒内放置 φ80mm、长 1.5m 的杂木抬杆，筒的两端各 1 人抓住抬杆，然后 2 人沿纵向缓慢前行 5 ～ 6m，再往回收取 5 ～ 6m 卷材平放于基面上，对 5 ～ 6m 卷材均匀涂刷 404 粘胶，常温下晾干 20min 左右，再 2 人将卷材沿基准线覆盖于基面，随后 1 人抹压辊压卷材，排除界面空气，使卷材与基面紧密粘合，如此循环，

逐段冷贴卷材；c.端头处理：卷材粘贴后，搭接缝口与端头刮涂密封胶封闭。

⑤金属配件与防撞栏杆，宜选用预制耐候耐腐构件，也可在现场先做防腐层再安装的工艺。

⑥排水沟应适当放坡，确保排水畅通。落水口500mm范围内必须向排水口放坡5%，并用耐候密封胶封闭相邻缝隙裂隙。地面穿山隧道应设置引水排水装置。

10.2 混凝土桥梁防渗防护技术措施

沥青混凝土桥面是我国目前应用最广的铺装形式，基本构造如图10-5所示。

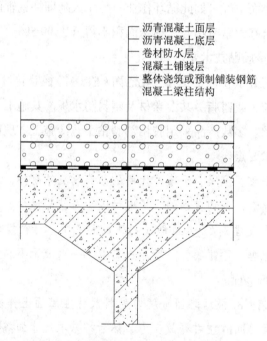

沥青混凝土面层
沥青混凝土底层
卷材防水层
混凝土铺装层
整体浇筑或预制铺装钢筋
混凝土梁柱结构

图10-5 沥青混凝土桥面防水构造示意图

重视桥面细部的防水防护：防撞墙、隔离墩、缘石底部、排水沟三面等必须满铺防水卷材，栏杆底座也需要用卷材包上。

1）桥面伸缩缝的做法如图10-6所示。

2）桥面分仓缝的做法如图10-7所示。

桥面分仓缝缝距3～4m，缝宽20～30mm，缝内嵌填耐候硅酮胶或弹性聚氨酯密封胶，表面撒黄砂保护。

3）桥面排水口应低于沟底3～5mm，确保落水顺畅。

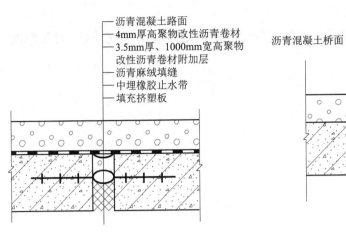

图 10-6　桥面伸缩缝防水示意图

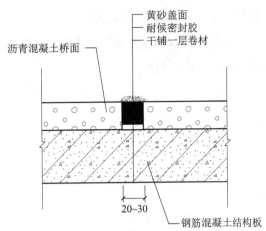

图 10-7　桥面分仓缝示意图

10.3　钢结构桥梁防渗防护技术措施

1）梁柱主体结构必须全面涂刷防锈防腐涂料。

2）梁柱与桥面箱体尽可能采用防水防腐金属部件。

3）金属桥面构造示意如图 10-8 所示。

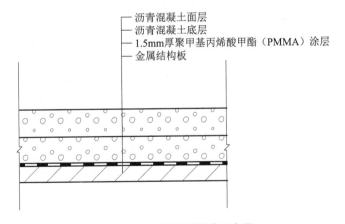

图 10-8　金属桥面构造示意图

10.4　路桥缺陷修补技术

根据路桥缺陷实况，参考新建工程的设计理念、选材原则与施工工艺工法，从实际出发，局部缺陷适当扩大范围进行局部修补。修补施工应特别注意安全防护。铁路缺陷修补应在"开天窗"的时段进行。

缺陷修补材料主要采用渗透性环氧树脂防水涂料或冷涂锌防水防腐涂料，涂层厚度以 1.5 ～ 2.0mm 为宜。

我国现有水库 9.7 万多座，绝大部分是中小型农用水库，有 1/3 左右存在不同程度的渗水。不但浪费水利资源，而且危及水库安全，应分批、分期采取有效措施进行治理。

11.1　既有水库构造方式

1）选址：农用水库往往选择三面环山的山坳；蓄水发电水库一般选择两面高山的河流较窄的急湍处。

2）水库的组成：由堤坝、溢流槽、维护走廊等组成，蓄水发电者必有发电厂房与设施。

3）建造水库的材料：由水库主要功能、当时的设计施工水平与建造资金及岩土基础等因素决定。早期水库一般选用黏土、砂、石、石灰与少量金属构件建造，其后采用钢筋混凝土为主要材料。现代化水库在高强度钢筋混凝土基础上采用自动化、智能化控制手段调节水位。

11.2　水库的功能

1）农用水库主要是蓄水灌溉农田，并适当养殖水产。

2）文旅水库主要是蓄水养殖与提供生活用水及建造观赏小品。

3）拦河发电水库主要是利用水资源发电及灌溉农田。郴州东江湖水库是我国著名的文旅水库（图 11-1）。

图 11-1　东江湖水库

11.3　水库渗漏治理主要材料

1）水工混凝土主体结构的钢筋混凝土强度等级不得低于 C30，抗渗等级为 P12 以上。要求浇筑密实，并具有较好的抗腐蚀功能。

2）选用合适的外掺剂：钢筋混凝土构筑物为了提升密实度与抗裂、防腐性能，浇筑混凝土时必须选用 2 ～ 3 种合适的外加剂，常用品种如下：

（1）UEA 微膨胀剂；

（2）水泥基渗透结晶型材料；

（3）无机渗透结晶材料 M1500 与 DPS 永凝液；

（4）水中不分散剂。

3）灌浆堵漏材料，水库渗漏常用灌浆堵漏材料如下：

（1）水泥与超细水泥；

（2）水泥 – 水玻璃注浆液；

（3）水溶性聚氨酯与油溶性聚氨酯注浆堵漏液；

（4）速凝堵漏王；

（5）环氧树脂注浆材料；

（6）丙烯酸盐注浆材料；

（7）锢水止漏胶。

4）密封材料，水库细部节点常用密封材料如下：

（1）聚氨酯密封胶；

（2）环氧树脂改性聚氨酯密封胶；

（3）耐候改性硅酮密封胶。

5）韧性防水砂浆

（1）聚合物防水砂浆；

（2）丙烯酸·丁腈防水砂浆；

（3）水中不分散防水砂浆。

11.4 既有水库堵漏加固设计与施工要点

1. 农用小型水库漏水治理

农用池塘与小型水库遍布乡村，丰水季节表面面积 5 ～ 10 亩／个，深度 5 ～ 10m。一般都是夯实黏土，加铺一层 10cm 厚混凝土的结构，发生漏水的地方主要有两处：一是"放水口"（排水于农田）；二是挡水堤坝。

（1）放水口

秋冬干旱季节，将池塘放水口周围 2m 范围围挡排水，水排完后清理淤泥，然后浇捣 30cm 厚 C20 混凝土，并向排水口放坡 5%。若排水斗已局部破损腐烂，拔出旧管，重新安装 ϕ10 ～ 15cm 的 UPVC 塑料管或防腐铸铁管，并在周边嵌填改性沥青砂浆（内掺 5% 麻绒）即可。

（2）挡水堤坝局部存在孔洞与裂缝渗水

适当扩孔扩缝，将孔缝界面清理干净，嵌填微膨胀 C20 豆石混凝土即可。

2.珠海某变电站蓄水池渗漏治理

该蓄水池丰水时段，表面面积 3 亩多，深 6m 左右。正常运营一年左右。2019 年，发现日漏水 0.5 ～ 2.0m。经勘查发现，漏水原因一是排水口，二是池壁混凝土局部开裂。针对实况治理措施如下：

（1）将池内的水全部排放。

（2）将池壁、池底的浮浆、杂物清铲干净,让孔洞、裂缝原形毕露,将漏点做好标记。

（3）对孔洞、裂缝适当扩洞剔槽，深 6cm 左右，干净与面干后嵌填 3cm 厚蠕变型塑料油膏（内掺麻绒 3% ～ 5%），再粉抹防水砂浆与表面平齐，如图 11-2 所示。

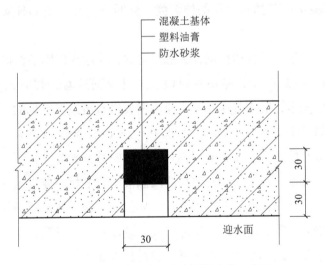

图 11-2　池壁池底漏水处剔槽治理示意图

（4）排水口治漏

①扩大至 ϕ50cm 范围清理淤泥，排水口周围混凝土与砂浆不饱满也不深厚，明显可见漏水孔洞。

②将排水口附近 20cm 范围内的疏松砂石挖掉移走，深 30cm 左右；然后，沿排水管周围包裹 10mm 厚玻璃布增强塑料油膏，要求高出基面 15 ～ 20cm。

③对排水管周围浇筑 C30 豆石混凝土，与排水管的接触界面留槽口 30mm 嵌填塑料油膏，如图 11-3 所示。修补后，不见水渗漏。

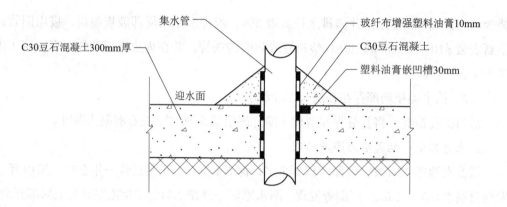

图 11-3　排水口治漏示意图

3. 大中型水库渗漏治理做法

　　近一二十年，我国大中型水库的结构基体，大多数是钢筋混凝土，本体厚度一般达 20～30cm。发生渗漏的主要部位一般是：①金属闸门节点部位；②溢流槽节点部位；③大坝伸入山体部位；④池壁、底板存在开裂与孔洞；⑤挡水大坝存在孔洞与裂缝；⑥维护廊道局部漏水；⑦挡水大坝的伸缩缝、分厢缝、施工缝部分漏水；⑧水库局部面渗。

　　治理主要工艺工法：①剔槽扩洞；②灌浆堵漏；③迎水面固结加强。多方配合综合治理。施工时间：一是选择秋冬枯水时段，二是突漏抢险、临时入池带水作业。前者施工比较方便、安全，后者施工相对艰难，需要潜水员或经特训的专业技工操作。

　　主要堵漏材料：①水泥-水玻璃；②水中不分散聚合物防水砂浆；③速凝堵漏王；④锢水止漏胶；⑤自防水混凝土；⑥湿面可粘的弹塑性密封胶（膏）；⑦玻纤布、聚酯无纺布、碳纤维；⑧湿面可施工的环氧树脂堵漏液。以上材料要求耐水、耐腐蚀、耐老化，有较好的抗压、抗拉强度，并要求绿色、环保，符合《防水通用规范》的规定。

　　绿色灌浆：堵漏治漏，应从现场实际出发，遵循长江科学院蒋硕忠教授的绿色灌浆理念：能用水泥灌浆的就用水泥，尽可能不进行化学灌浆。

　　低压慢灌是灌浆技术的关键工法：只有慢灌才能使浆液有机会扩散渗透到各方缺陷处，从而密实结构内部，收到灌浆的最佳效果。

第12章
种植屋面渗漏治理技术

12.1 种植屋面渗漏原因

种植屋面包括平屋面、坡屋面与地下空间顶板。简单式种植屋面以铺盖草皮、草毯为主；花园式种植屋面以种植花草、灌木植物为主，还有部分高大乔木与楼台亭阁及溪流水池等。新建种植屋面如果渗漏比较严重，其原因是设计不合理、选材不恰当，施工不精细及监管不严的恶果。已运营多年的种植屋面发生严重渗漏，主要原因如下：

（1）防水材料耐水耐腐蚀性能较差；也可能是防水层太薄，经不起长久水溶与有害液体的侵蚀，而局部丧失防水功能。

（2）气候温差变化与结构变形拉扯卷材，使搭接部位局部剥离或撕裂。

（3）细部节点不密实，附加防水层能透过水分子。

（4）维护管理不到位，造成排水沟或落水口杂物堵塞，导致局部积水。

（5）高位山墙、女儿墙抗渗措施不力，防水层未按国家规范规程的规定形成整体挡水屏障，如图12-1所示。

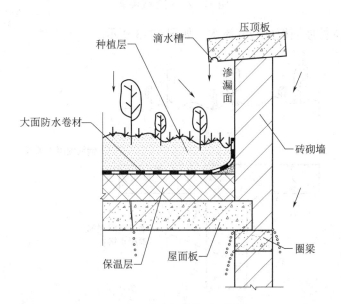

图 12-1　高女儿墙漏水示意图

（6）变形缝渗漏：变形缝有等高变形缝、钩形变形缝、平口变形缝及高低跨变形缝等多种形式，种植屋面常采用等高变形缝或钩形变形缝，如图 12-2 所示。

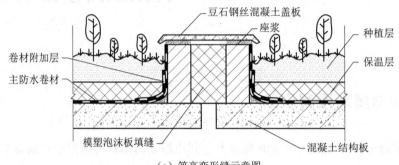

（a）等高变形缝示意图

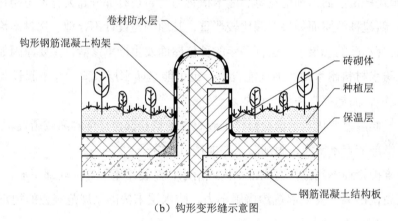

（b）钩形变形缝示意图

图 12-2　变形缝渗漏

（7）格柱支撑屋面板处裂缝渗水，如图 12-3 所示。

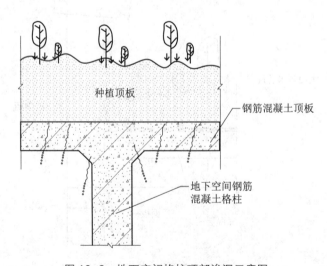

图 12-3　地下空间格柱顶部渗漏示意图

（8）地下室顶板局部出现孔洞或裂缝渗水。

12.2　种植屋面渗漏预防措施

1）屋面结构板采用整体现浇 C30 防水混凝土，并内掺胶凝材料 3% ～ 5% 的 CCCW 渗透结晶型粉剂或 8% 的 UEA 微膨胀剂，提高结构板的密实度与抗裂性能。

2）结构板浇筑硬固后，覆盖 PE 膜或草帘湿养 14d，降低温变的开裂概率。

3）预制构件拼装屋面，适当扩大几何尺寸（吊装设备允许的前提下），每室 1 ～ 3 块，尽量减少拼接缝，缝内应嵌填弹塑性密封胶，胶厚不小于 20mm。

4）细部节点尽量采用蠕变型渗透性强的防水涂料做附加层，厚 2mm，并夹贴 1 ～ 2 层玻纤布 / 聚酯无纺布增强，确保节点密实，达到不渗、不漏的要求。

5）所有落水口 / 排水口必须低于板面 2 ～ 3mm 以上，规避屋面积水。

6）屋面应结构放坡 3% 以上，有利于屋面的自由排水。

7）屋面外加防水层宜筛选防水卷材，优选卷材的品种、规格、型号及厚度，如表 12-1 所示。

种植屋面防水材料的要求　　　　　　　　　　表 12-1

序号	卷材名称	防水层厚度与组合构造	备注
1	改性沥青自粘卷材	2mm 改性水泥素浆＋Ⅰ型 4mmSBS 卷材	适用于简单式种植屋面
2	聚乙烯丙纶复合卷材	3mm 改性水泥素浆＋2 层 500g/m² 复合卷材＋3mm 改性水泥素浆	适用于简单式种植屋面
3	热熔改性沥青卷材	2 遍基层处理剂＋Ⅰ型（3+4）mm 叠层卷材	适用于花园式种植屋面
4	聚乙烯丙纶复合卷材	在序号 2 的基础上，加一层 600g/m² 复合卷材	适用于花园式种植屋面
5	强力交叉膜聚乙烯自粘卷材	2 遍基层处理剂＋2mm 厚层压交叉膜自粘卷材	适用于花园式种植屋面
6	内增强 PVC 卷材或增强型 TPO 卷材	2 遍基层处理剂＋2mm 厚 PVC/TPO 卷材＋2mm 改性水泥素浆	适用于花园式种植屋面

如果屋面局部种植高大乔木，则在上述基础上增加一道耐根穿刺防水卷材，如图 12-4 所示。

8）种植屋面视现场实况，设置变形缝，以适应结构变形与温度形变的需要。

9）面积较大的种植屋面，必须合理设置园道，便于维护管理与游客赏花吸氧。

10）中大型种植屋面应设置人工灌溉或自动智能灌溉设施，适时补充植物所需水分。

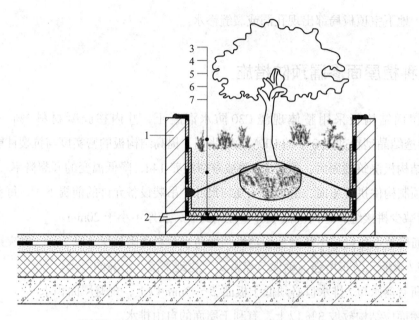

1—种植池；2—排水管（孔）；3—植被层；4—种植土层；

5—过滤层；6—排（蓄）水层；7—耐根穿刺防水层

图 12-4　种植乔木的种植池示意图

12.3　既有种植屋面渗漏治理措施

1）专职管理人员或兼职管理人员应尽职尽责，做好屋面的维护与管理工作。

（1）私家小型屋面，业主应指定兼职专人不定期地对屋面进行巡视、清扫，发现问题与缺陷即时报告业主，及早采取措施处理。

（2）公有小型种植屋面由社区管委会指派专人兼职管理维护。公有中大型种植屋面由业主聘请专人专职管理维护，原则上每 3000m² 屋面安排一人。

（3）专职管理人员的职责：

①清扫园内垃圾；

②炎热时段喷洒灌溉用水；

③每年追肥 2～3 次，补充植物营养；

④寒冷季节保温防冻；

⑤枯死植物，置换换新；

⑥风雨后检查有关设施破损，并报业主。

2）一旦发生渗漏，园林技术人员及时邀请有关人员到现场观察，分析渗漏原因，研讨治漏方案，形成渗漏治理方案，并尽快招标或议标择优确定维修队伍。

3）先治细部节点渗漏

（1）穿屋面管（筒）根部渗漏治理

①在管（筒）迎水面垂直钻 $3\phi10$ 的注浆孔，深至距板面 50mm 左右，安装注浆嘴，以 0.2MPa 压力缓慢压注水泥－水玻璃浆液，让其扩散充盈固结 3h 以上。

②对背水面灌注 1/2 乳化沥青＋1/2 普通硅酸盐水泥复合浆液，压力 0.2MPa 左右，慢速进浆。24h 后观察无渗水时，在背水面扩大 $\phi300$ 范围满面刮涂 2mm 厚环氧树脂防水涂料，并夹贴一层玻纤布／聚酯无纺布增强。

③灌水检查无渗漏后，进行复原处理。

（2）等高变形缝渗水治理

①揭开盖板，清理杂物；

②从迎水面垂直钻 $\phi10$ 的注浆孔，安装注浆嘴并锚固，低压（0.2MPa）慢灌发泡聚氨酯；

③缝口留凹槽 25mm 深，干净后批嵌弹性聚氨酯密封胶；

④骑缝干铺 M 形 4mm 厚 SBS 改性沥青卷材或 1.8mm 厚高分子卷材；

⑤铺盖板复原，搭接缝口嵌聚氨酯密封胶。等高变形缝渗漏治理做法如图 12-5 所示。

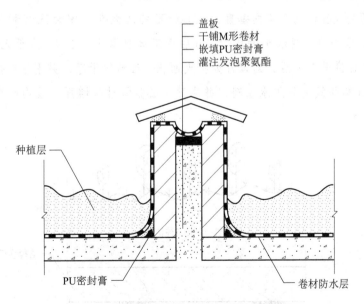

图 12-5 等高变形缝渗漏治理做法示意图

（3）钩形变形缝渗水治理

①将右侧砖砌立墙顶部与立面清理干净；

②向砖立墙与屋面结构板连接处斜钻孔 ϕ10@500，安装注浆嘴并锚固；

③低压慢灌"锢水止漏胶"密实连接处；

④对砖立墙顶部连接处批嵌聚氨酯密封胶，形成挡水带。钩形变形缝渗水治理如图 12-6 所示。

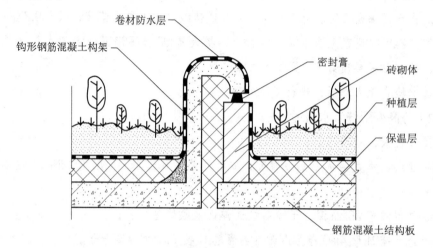

图 12-6　钩形变形缝渗水治理示意图

4）回填土厚重（0.6m 以上），结构顶板局部开裂或存在孔洞渗漏治理：

①在背水面对孔洞与裂缝渗漏处扩大面积清理；

②沿缝两侧或孔洞周围逆向垂直钻 ϕ10@300 的注浆孔，安装注浆嘴并锚固；

③逆向低压慢灌"锢水止漏胶"，2h 后视工况复灌 1～2 次，直至无水渗出为止；

④在背水面灌浆完成后，对灌注处扩大面积仔细清铲干净，并用湿布擦掉浮尘；然后，刮涂 2mm 厚环氧树脂防水涂料，并夹贴一层胎体材料增强。结构板裂缝渗水修补如图 12-7 所示。

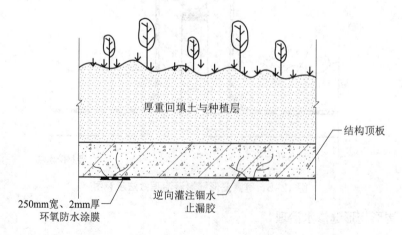

图 12-7　结构板裂缝渗水修补示意图

5）种植顶板格柱支撑处开裂渗水治理：

①在背水面扩大面积清铲干净，用钢丝钩出缝内杂物，用湿布清除浮尘；

②用小刮刀对缝内刮压韧性环氧腻子；

③满面刮涂 2mm 厚环氧防水涂料，并夹贴一层玻纤布 / 聚酯无纺布 / 碳纤维增强。

6）种植屋面大面严重渗漏治理措施

21 世纪以前，人们对种植屋面渗漏认识不足，对种植屋面与种植顶板预防渗漏措施不力。覆土种植后任其自然生长，有些植物短期内枯死，有些屋面渗漏严重，干脆铲除，造成重大的经济损失。近 20 多年来，建筑防水长足进步，种植屋顶方兴未艾，呈星火燎原之势。目前，种植屋面 / 种植顶板严重渗漏的治理有多种方法，主要技术措施如下：

（1）迎水面垂直打孔或倾斜一定角度打孔注浆。

（2）背水面垂直打孔或倾斜一定角度打孔注浆。

（3）前两种方式相结合协调治理。

（4）迎水面垂直注浆＋背水面涂膜增强。

目前，注浆材料品种较多。实践证明，选用水泥 - 水玻璃、超细水泥、环氧注浆液、油溶性聚氨酯、锢水止漏胶性价比好。

7）种植顶板渗漏治理应视顶板覆土深度（厚度）决定治理方式。如果覆土厚度在 0.6m 左右或以下，宜在迎水面移动植物或不移走植物，可在迎水面进行注浆治理；如果覆土深度在 1～3m 以上，则只宜在背水面施治；否则，不但治理工期长，而且治理费用高昂。

第13章
工程渗漏治理经典案例 25 则

13.1　水电站大体积混凝土缺陷修复和效果检测措施 [①]

　　杨房沟水电站位于四川省凉山彝族自治州木里县境内（部分工程区域位于甘孜州九龙县境内）的雅砻江中游河段雅砻江镇上游约 6km 处，是雅砻江中游河段一库七级开发的第六级，距木里县城约 156km。

　　地下厂房的引水发电系统主要建筑有电站进水口、压力管道、尾水连接管、尾水出口、主副厂房、主变室、尾水调压室、尾水洞检修闸门室、母线洞、出线洞等。

　　该工程缺陷表现形式呈现出以不规则裂缝为主，其中较为严重的部位为输水系统及厂房系统结构裂缝，勘察统计裂缝总长度超过 8000m，严重影响水电站部分结构和设备的安全运行。现场不规则裂缝实景图如图 13-1 所示。

图 13-1　现场不规则裂缝实景图

13.1.1　大体积混凝土结构裂缝等缺陷的排查、检测措施

　　处理大体积混凝土裂缝前，需要先对裂缝进行检测分类，确定宽度及深度，通常的检测方式分为三类：裂缝宽度菲林卡、HC-U81 混凝土超声波检测仪及 Z1Z-FF02-190 东成水钻机抽芯钻孔。裂缝宽度采用菲林卡识别比对，只能识别表面缝宽，无法识别内

　　① 陈森森 [1]、王玉峰 [2]、赵灿辉 [3]、李康 [1]、孙晨让 [1]、顾生丰 [1]、叶锐 [1]（1. 南京康泰建筑灌浆科技有限公司，江苏　南京　210046；2. 中建材苏州防水研究院有限公司，江苏　苏州　215008；3. 北京辉腾科创防水技术有限公司，北京市朝阳区，100020）。陈森森，教授级高级工程师，土木工程专业，1973 年 5 月出生，江苏南京人，从事地下工程裂缝、渗漏、病害、缺陷等综合整治 29 年。

部裂缝情况（图 13-2）。对于裂缝深度检测，混凝土缺陷检测仪通常应用于小体积混凝土的缝深检测，有碎渣影响检测效果（图 13-3）。而抽芯钻孔通常又对主体结构破坏性较大，且无法探测斜向裂缝走向（图 13-4、图 13-5）。附大体积混凝土结构裂缝示意图（图 13-6）。

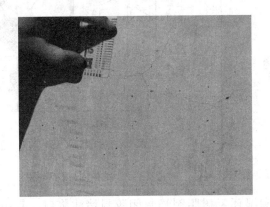

图 13-2　菲林卡实景图

图 13-3　HC-U81 混凝土超声波检测仪实景图

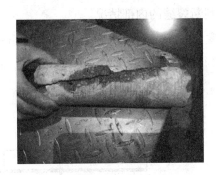

图 13-4　抽芯取样实景图

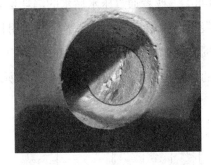

图 13-5　取样孔斜向裂缝实景图

HC-U81 混凝土超声波检测仪使用范围：超声回弹综合法检测混凝土强度、混凝土内部缺陷的检测和定位、混凝土裂缝深度检测（采用优化跨缝检测方式）、混凝土裂缝宽度检测、自动读数带拍照；主要参数：触发方式为自动触发、采样周期 0.05～2.0μs、采样长度 1024mm、接收灵敏度 < 10μV、声时测量范围 0～99999μs、声时测读精度 0.05μs、幅度测读范围 0～170dB。

目前，自主研发的压水压密性试验检测法，对结构破坏性较小的同时不受大体积混凝土结构影响，不破损结构内钢筋，能够对裂缝状况进行检测。以结构 1500mm 的大体积混凝土为例，在裂缝两侧交替布置深浅孔，使用长度 1000mm、直径为 14mm 的钻杆进行浅孔作业，孔深至结构的 1/3 左右；再使用直径为 28mm 的钻杆钻至结构的 2/3 左右，再使用直径为 14mm 的钻杆斜向打入 28mm 孔内，如图 13-7 所示。

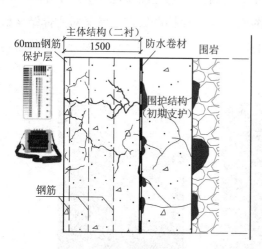

图 13-6　大体积混凝土结构裂缝示意图

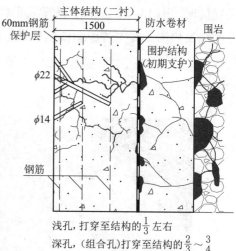

浅孔，打穿至结构的 $\frac{1}{3}$ 左右

深孔，（组合孔）打穿至结构的 $\frac{2}{3} \sim \frac{3}{4}$

图 13-7　结构内打孔示意图

采用 KT-CSS-3A（Ⅱ型）耐潮湿环氧树脂裂缝封闭胶封堵注浆口，其余 14mm 注浆口安装注浆嘴，进行主体结构压水压密性试验检测，将不可见的裂缝暴露出来（图 13-8），或者通过压水后水的消耗量来判断裂缝的内部情况。

混凝土结构内裂缝检测完毕后再使用长度 2000mm、直径 28mm 的钻杆垂直钻孔，孔深至围岩层，使用高压螺杆泵对结构壁后进行压水压密性试验。通过此试验，将主体结构内的贯穿裂缝暴露出来，如图 13-9 所示。

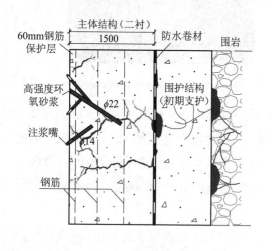

图 13-8　结构内压水压密性示意图

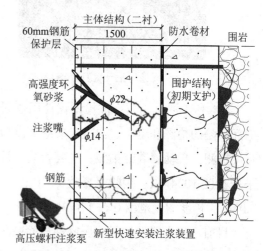

图 13-9　结构内压水压密性示意图

13.1.2　大体积混凝土结构裂缝综合治理措施

混凝土结构裂缝根据裂缝宽度和深度大小，分为 A、B、C、D 四类等级。针对不

同等级制定对应的方案，结合不同使用功能和环境，采用针对性的新工法和新材料进行综合整治，如图 13-10 所示。

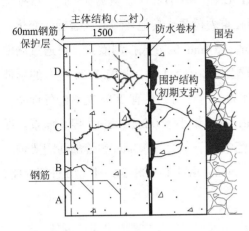

A 类裂缝：宽＜0.2mm，深＜50mm（浅表裂缝）
B 类裂缝：宽 0.2~0.3mm，深 100~350mm（结构内裂缝）
C 类裂缝：宽≥0.2mm，＜0.5mm（贯穿干裂缝）
D 类裂缝：宽≥0.5mm（贯穿渗水裂缝）

图 13-10　裂缝等级分类示意图

新材料主要选用耐潮湿柔性环氧树脂结构胶，性能指标如表 13-1 所示。

耐潮湿韧性环氧树脂结构胶性能指标　　　　　表 13-1

检测项目	《工程结构加固材料安全性鉴定技术规范》GB 50728—2011	《混凝土裂缝用环氧树脂灌浆材料》JC/T 1041—2007		耐潮湿韧性改性环氧树脂结构胶KT-CSS-18（Ⅲ型）
		Ⅰ 型	Ⅱ 型	
抗压强度（MPa）	≥60	≥40	≥70	≥80
		≥5.0	≥8.0	
钢对 C45 混凝土正拉粘接强度（MPa，水下固化）	—	Ⅰ 型	Ⅱ 型	≥4.0
		（干粘接）≥3.0	（干粘接）≥4.0	
		（湿粘接）≥2.0	（湿粘接）≥2.5	
伸长率		0		≥20%

1. A 类裂缝

裂缝为宽＜0.2mm、深＜50mm 的浅表裂缝，把碳化层和氧化层、污染层打磨清理干净，切 V 形槽，宽 2～3cm，深 1cm，涂刷 KT-CSS-4F 耐潮湿高渗透改性环氧树脂结构胶作为底涂，宽为 15～20cm，用 KT-CSS-3A（Ⅱ型）进行封闭，如图 13-11 所示。

2. B 类裂缝

缝宽≥0.2mm 且＜0.3mm，缝深为 10～35cm，打磨，切 V 形槽，宽 2～3cm，深 1cm，用 KT-CSS-3A（Ⅱ型）封闭。因裂缝检测只能以抽查为主，并不能全部探明每一条裂缝深度。为防止裂缝较深，还是使用组合法打孔，使用 14mm 孔径钻杆先钻浅孔，深度 20～30cm；再钻深孔，深度 50～80cm，安装专用注浆嘴，采用低压、慢灌、快速固化，分序、分次控制灌浆工法，灌注 KT-CSS-18（Ⅲ型），具有 15%～25% 的延伸率，有一定的韧性和弹性，可以抵抗裂缝在重力荷载或其他环境造成裂缝的变化，灌浆压力控制在 0.3～0.5MPa。通过灌注 2min、停 1min 的方式控制灌浆，可通过调整材料配合比例，调整固化速度。当 A、B 组分配比为 10:4 时，具有 15% 左右的延伸率，固化时间为 90min 左右；当 A、B 组分配比为 10:5 时，具有 25% 左右的延伸率，固化时间为 60min 左右。结束指标为稳压 2min，耗水量小于 0.2mL/min，停止灌浆。通过灌注 KT-CSS-18，完全能够达到加固设计规范中对于宽度＞0.2mm 裂缝的封闭要求。在裂缝两侧涂刷 KT-CSS-4F 底涂，宽度为 15～20cm，用 KT-CSS-3A（Ⅱ型）进行封闭，如图 13-12 所示。

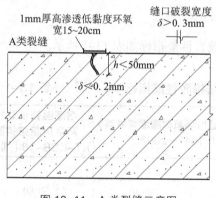

图 13-11　A 类裂缝示意图

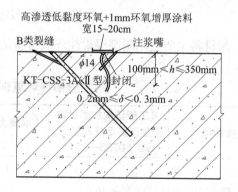

图 13-12　B 类裂缝示意图

3. C 类裂缝

0.5mm＞缝宽≥0.3mm 的贯穿干裂缝，骑缝切 V 形槽，宽 2cm、深 2cm，将槽清洗干净用 KT-CSS-3A（Ⅱ型）封闭，斜向裂缝两侧交替钻孔，使用长度 1000mm、直径为 14mm 的钻杆钻孔。孔深钻至结构的 1/3 左右，再用长度 1500mm 直径为 22mm 的钻杆进行钻孔，孔深至结构的 2/3 左右，再使用组合法打孔注浆。

待封闭材料固化后进行化学灌浆，灌 KT-CSS-18（Ⅲ型）耐潮湿韧性改性环氧树脂结构胶，灌浆压力为 0.4～0.6MPa，先浅孔后深孔，根据现场进浆量情况实时调整 A、B 组分比例，固化时间控制在 80～120min，结束指标为稳压 3min，耗水量小于 0.3mL/min，停止灌浆。浅孔注浆可以起到对裂缝表层的粘接封闭作用，为深孔压力注浆时的饱满度提供保障。

采用前述方案对裂缝进行封闭，如图 13-13 所示。

4. D 类裂缝

缝宽 ≥ 0.5mm 的贯穿渗水裂缝，若渗水出现在钢筋混凝土段，则应先对围岩堵水再进行结构裂缝化学灌浆处理。措施如下：

1）堵水：先进行壁后围岩的钻孔压水检测，若显示围岩透水率符合设计标准，结构表面裂缝仍有渗水，则沿缝两侧各 4m 范围内按间距 0.2m 左右布设化学灌浆孔（裂缝密集部位可视现场情况确定间距），斜向裂缝钻孔，孔径 14mm，深度 500mm 左右，安装专用注浆嘴；再采用风钻垂直钻孔，入围岩 2m 以上，大体积混凝土结构外围岩内灌注低聚合物水泥基特种灌浆材料，按照配比对浆液进行搅拌、灌注，灌浆压力控制在 0.8 ～ 1.0MPa；结束指标为稳压 3min，耗水量不小于 0.2L/min，关闭进浆阀。大体积混凝土结构内采用低压、慢灌、快速固化，分序、分次 KT-CSS 控制灌浆工法，灌注化学浆液，确保饱满度。

2）凿槽：采用石材雕刻机沿缝雕刻 U 形槽，槽深 3cm 左右、宽 2cm 左右，并将槽清洗干净。

3）埋注浆嘴：用 KT-CSS-3A（Ⅱ型）封闭，斜向裂缝钻孔，孔径 14mm，浅孔在结构的 1/3 左右，深孔在结构的 2/3 左右，安装注浆嘴。

4）灌浆：待封闭材料 KT-CSS-3A（Ⅱ型）固化后，采用 KT-CSS-18（Ⅲ型）进行灌浆，灌浆压力控制在 0.3 ～ 0.5MPa，深浅孔布置，先浅孔后深孔，深孔采用粗孔和细孔组合的灌浆工艺，采用前述控制灌浆工法，确保灌浆的饱满度。

5）采用前述方案对裂缝进行封闭。

6）此注浆材料可以在有水流的情况下进行堵漏，水中可以固化和粘接，各项指标超过国家标准。在有水压的情况下堵漏，可采用泄压分流的工艺，注浆材料不溶于水，可以把水挤走，进行空间置换，充填裂缝孔隙，达到堵漏的目的，如图 13-13 ～ 图 13-16 所示。大体积混凝土注浆材料使用条件见表 13-2。

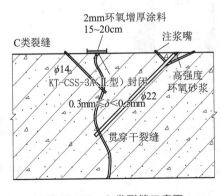

图 13-13　C 类裂缝示意图

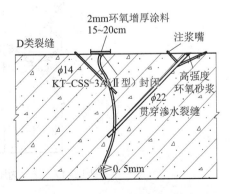

图 13-14　D 类底板裂缝示意图

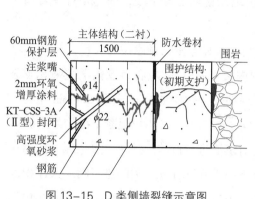

图 13-15 D 类侧墙裂缝示意图

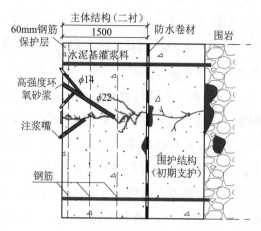

图 13-16 D 类裂缝结构内及壁后注浆示意图

大体积混凝土注浆材料使用条件   表 13-2

种类	名 称	使用条件
水泥基灌浆料	KT-CSS-9908	围岩裂隙堵水、加固,增加抗渗、抗压能力
环氧类灌浆料	KT-CSS-18	大体积混凝土堵漏、加固,有韧性、潮湿基层固化,抗结构应力变化

5. 大体积混凝土裂缝灌浆后饱满度效果检测措施

待大体积混凝土结构裂缝灌浆处理后,再在两侧布置深浅孔进行压水压密性试验,检测注浆饱满度。若结构内能够持续进水且结构面无渗水现象,则证明结构内部仍有裂缝存在;若结构内能够持续进水且结构面有渗水现象,则证明仍有裂缝未处理;若稳压3min 耗水量不超过 3mL,则证明主体结构裂缝渗水得以解决,如图 13-17 所示。

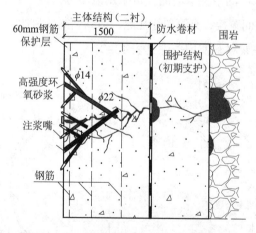

图 13-17 结构内压水压密性试验示意图

在确认主体结构裂缝饱满度达到要求后,再对主体结构壁后进行压水压密性试验,检测其结构壁后注浆饱满度。钻孔至围岩 1000mm，使用高压螺杆注浆泵进行压水压密性试验。若结构表面出现渗漏水现象，则证明大体积混凝土结构内仍然有贯穿裂缝。若稳压 3min 耗水量不超 3mL，则证明结构内裂缝缺陷已解决，如图 13-18 所示。

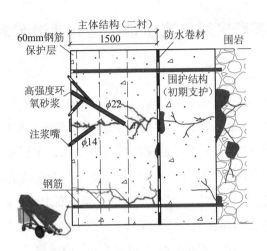

图 13-18　结构壁后压水压密性试验示意图

通常方法对大体积混凝土裂缝检测无法探明。采用以上措施，彻底解决了大体积混凝土结构内裂缝走向不可测的问题，如图 13-19、图 13-20 所示。

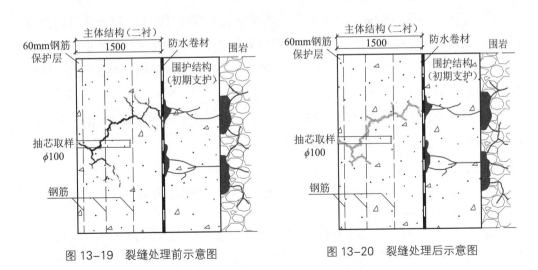

图 13-19　裂缝处理前示意图　　　　图 13-20　裂缝处理后示意图

13.1.3　大体积混凝土结构裂缝治理和检测效果验证

选择针对性的新工法和新检测手段，利用材料复合、工法组合、设备配合和工艺融合，进行水电站大体积混凝土的缺陷修复和效果检测措施。经业主、甲方和第三方检测机构验收合格，通水后 28 个月停止发电，放空检查，结构无开裂和渗漏，从而能直观地证明效果显著。

此技术措施还能运用于水库大坝、港口码头、地铁车站、部队洞库等具有大体积混凝土缺陷的修复施工和效果检测中去，为同类工程提供了借鉴。

13.2　西安航天某研究所住宅楼地下室外墙渗漏治理 [①]

13.2.1　工程概况

工程位于西安市城墙护城河南侧，地下三层，筏板底标高为 -17 ～ -14m，地下水位在 -9m 左右，因此整个地下室负三层和负二层中部均处于地下水位以下，且地下水非常丰富。原设计地下室外墙采用二道反应粘卷材防水，单层地下室面积 9800m²。该工程 2022 年 10 月主体结构封顶，2023 年 1 月地下室后浇带全部浇筑完成，并开始陆续停止基坑降水。从停止降水初期，发现地下室外墙不断出现严重渗漏现象，原防水施工单位随即组织大量人力对结构进行注浆堵漏，一直维修到 2023 年 5 月，降水全部停止，原维修处又陆续出现新的大面积渗漏。鉴于情况严重，原维修队伍束手无策并自动撤离，后经建设单位、监理公司和总包单位会商，邀请防水专家和防水维修专业人士，进行现场勘察并确定维修方案，最终采纳我公司提交的维修方案。

13.2.2　地下室渗漏状况及原因

地下三层外墙约 3000m²，全部处于慢渗水状态（俗称冒汗），属于典型的面渗。其墙面水渍明显，经打磨观察，初步判定主要为原防水卷材受窜水影响全面失效，再加地下室冷凝水影响，整个外墙无一处干燥。外墙并未发现有明显的裂缝或孔洞，说明外墙防水混凝土不具有抗高水压作用。

地下二层外墙近 1/3 墙面有渗漏现象，主要表现在施工缝和穿墙螺杆处，初步判定该外墙防水层失效。现场渗漏照片如图 13-21 所示。

13.2.3　主要治理措施

为了保证维修后的防水效果和防水耐久性，结合我公司多年维修经验，负二层采用

① 李国强，西安宝恒乐通建设工程有限公司。1970 年出生于贵州遵义，高级工程师、一级建造师，毕业于长春工程学院。曾在十冶从事建筑施工，任公司总工。2015 年，从建筑施工行业转入地下工程结构自防水。2015—2016 年，在美国 pentron 国际有限公司陕西代表处担任技术总监。2017 年，在美国 pentron 国际有限公司上海代表处担任总工程师。2018—2019 年，与 4 位专家在西安成立西安尼沃特飞实业公司和西安尼沃特防水科技有限公司，担任该公司董事长及总经理。2019 年，兼任陕西省防水协会副会长，并被聘为专家委员。2020 年，离开上述公司，成立西安宝恒乐通建设工程有限公司，并担任公司董事长兼总经理至今。2023 年 5 月，被聘为中国建筑标准化协会防水防护与修复专业委员会委员。

图 13-21　地下室外墙渗漏照片

德国 Vandex 双组分水性树脂进行帷幕注浆，该注浆液耐久性在 20 年以上，确保了防水的耐久性。注浆机采用德国产 Injection pump IP2 注浆泵（图 13-22）。注浆孔距按 40～50cm 间距设置，采用低压高流量方式注浆，最终压力设置在 0.4～0.5MPa 区间，视注浆位置进行压力微调。通过土体固化将外围地下水排除在外墙结构以外，从而达到防水作用。由于采用的进口设备和材料，与国内常用的注浆工艺有一定区别，因此操作工人必须是经过培训的专业人员进行操作。

地下三层从现场看，基本上全是慢渗，无明显裂缝和孔洞，鉴于此种情况，我公司采用 Vandex super 水泥基渗透结晶型防水涂料在外墙背水面涂刷工艺，涂刷厚度≥1.0mm，该工艺重点在墙面上打磨，当打磨后发现有明显裂缝或孔洞应开槽，开槽深度≥2.5cm，宽度≥2.0cm。开完槽后，清理干净涂刷 Vandex super 涂料；随即用 Vandex Plug 快速堵漏剂进行嵌填抹平，最后统一在墙体背水面进行整体喷涂，喷涂两遍成型，喷涂完 4h 后表面墙体涂料开始泛白；采用高压水枪喷水雾进行养护，确保墙体处于潮湿状态，保持一周时间湿养护；然后，进行全面检查，直到所有墙面干燥、无湿渍后交付业主。背水涂刷与槽内堵漏剂材料，如图 13-23 所示。

图 13-22　注浆泵　　　　图 13-23　背水面涂刷与槽内堵漏剂材料

13.2.4　结语

本工程维修后效果明显，完全达到了无渗、无漏的一级防水标准，充分展示了我公司提交方案的科学合理性和经济实用性。本次维修全过程对结构未造成任何破坏。为什么采用帷幕注浆加固和背水面涂刷两种工艺在同一项目中实施，主要是根据渗漏原因、状态进行分析，在保证质量的情况下，尽量以比较低的成本选择方案，同时在材料的选择上一定要采用成熟、可靠的产品。对不了解防水效果的材料，原则上不要直接应用在工程上。

13.3　应大力普及低碳环保的建筑种植屋面 [①]

我国种植屋面一般按其形式，分为简单式种植屋面、花园式种植屋面和地下建筑顶板覆土种植三类。

绿色种植含大量叶绿素，在光的作用下进行光合作用，吸取空间中的 CO_2，释放负氧离子，是生态环境实现双碳目标的良策。据有关报道，花园式屋顶对 CO_2 的吸收量达 $12.20kg/（a·m^2）$，O_2 的释放量为 $8.85kg/（a·m^2）$；简单式屋顶绿化的 CO_2 吸

　　① 陈宏喜 [1]，唐东生 [2]，张翔 [3]，易乐 [4]（1. 湖南建筑防水协会，长沙市，410000；2. 湖南衡阳盛唐高科防水工程公司，衡阳市，421000；3. 株洲飞鹿高新材料技术股份有限公司，株洲市，412003；4. 湖南欣博建筑工程有限公司，长沙市，410000）

收量 2.06kg/（a·m²），O_2 的释放量为 1.31kg/（a·m²），这是大自然对人类的恩赐。建筑防水行业肩负着防水抗渗、保温隔热、防腐防护多重责任，对经济发展起着保驾护航作用。

绿化工程内容丰富，很难用几千文字表述清楚。这里，以种植屋面、种植顶板、外墙垂直绿化，简要说明我们的理念与建筑绿化的优化设计、施工的经验教训，供同仁参考。

13.3.1　建筑种植具有良好的社会经济效益

1）平屋面（含地下室顶板）与外墙可以栽种花草，绿化美化工作与生活环境。

2）平屋面可以栽种蔬菜、药材及果树。湘潭民营企业家许发清在他屋顶 100 余 m² 的地方，栽种 10 多种蔬菜，一年四季自给有余，还常赠亲朋好友。北京某单位在屋顶栽种多种药材，每年收益可观。重庆有一栋 33m 高的超大农场，面积 2 万多 m² 的"开心农场"，栽种南瓜、丝瓜、白菜、辣椒、苋菜、西红柿、茄子、马铃薯、红薯、空心菜等 20 多种食用蔬果与部分水稻，连年丰收。

3）长沙火车站西部有一栋 9 层航空大楼，他们利用各层阳台、敞廊边沿，栽种七八种观赏植物，既可挡风遮雨，又使室内办公人员减少空调使用频率，人们感到心情愉快、舒畅。

4）株洲某桥梁旁边有两栋多层住宅，他们栽种攀缘植物。春末到秋初时节，绿藤遮阳，室内不需要空调也感到凉爽。

5）湘潭某高层建筑的三楼办了一个幼儿园，他们利用 3 层 200 多 m² 空坪隙地种植花草灌木，开园后孩子们追逐玩耍，其乐无穷。

6）衡阳珠晖区创景外滩中心花园，四周建有 6 栋 23 层商住楼，在三层商铺的转换层上，种植绿化 14360 多 m² 的多种花草、灌木及小型乔木，一年四季常青，休憩游人不绝（图 13-24）。

7）长沙县星沙有一个多层商住楼的小坡屋顶，10000 余 m²，栽种 10 多种花草与灌木，工余时间吸引居民休闲散步。

8）醴陵市中心金塔商贸城，三楼有 5000 多 m² 的歇台，栽种 35 种花草、灌木、小乔木。三楼下面是餐饮店与百货商场，已运营 20 多年，经济效益与社会效益良好。

9）湘潭金桥小区，有 6～9 层商住楼 30 多栋，2003 年竣工。中部有一个中心广场，投影面积 5000 多 m²，地下一层，地上栽种花草、桂花树、银杉等，并坐落 3 层高的哈佛幼儿园及篮球、排球运动场所。周边桂树四季常绿（图 13-25），有些银杉已高达 8～10m（图 13-26）。

10）湘潭护潭村 20 世纪 80 年代有农民在屋顶栽种南瓜、冬瓜，连年丰收。湘潭板塘铺有一个屋面 200 多 m²，有人租借放养鱼苗达五年之久。湘潭红旗农场利用平屋顶 800 多 m² 的围池，放养泥鳅出口创汇。

图 13-24　绿化

图 13-25　桂树

图 13-26　银杉

13.3.2　种植平屋面（含种植顶板）的构造创新探索

1）《种植屋面工程技术规程》JGJ 155—2007（已废止）对种植平屋面基本构造层次如图 13-27 所示。

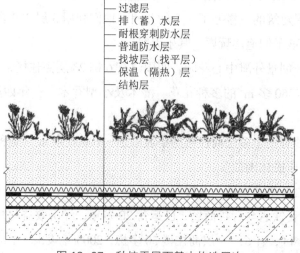

- 植被层
- 种植土
- 过滤层
- 排（蓄）水层
- 耐根穿刺防水层
- 普通防水层
- 找坡层（找平层）
- 保温（隔热）层
- 结构层

图 13-27　种植平屋面基本构造层次

《种植屋面工程技术规程》JGJ 155—2013 对种植平屋面基本构造层次如图 13-28 所示。

以上设计方案是慎重的，但层次太多，静荷载偏大，造价太高，工期较长，并且难以不渗漏，影响种植屋面的推广与普及。我们近30年完成了20多个种植屋面的施工，在构造方面作了如下探索：

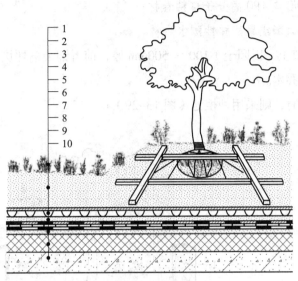

1—植被层；2—种植土层；3—过滤层；4—排（蓄）水层；5—保护层；
6—耐根穿刺防水层；7—普通防水层；8—找坡（找平）层；9—绝热层；10—基层

图13-28　种植平屋面基本构造层次

（1）采用防水混凝土结构基层，无须用水泥砂浆找平，但必须牢实，无肉眼可见的裂缝、裂隙、微孔、小洞，对存在的缺陷逐一局部修补：

①用电动打磨机局部打磨1～2遍，除掉无用突出物，去除杂物，用水冲洗干净；

②用丙烯酸腻子或环氧腻子局部括批裂缝、孔洞、麻面；

③预制板屋面拼缝干净后，嵌填弹性密封胶；

④穿屋面管（筒）等细部节点，干净后，涂刷1.5mm厚丙烯酸酯涂料或聚氨酯涂料，并夹贴一层玻纤布或聚酯无纺布（40～50g/m²）增强；

⑤大面涂刷或喷涂1.5mm厚聚氨酯涂料做隔气层；

⑥24h后蓄水48h检查，无渗漏后排水，进行后续施工。

上述措施是确保屋面无渗漏的基础与关键。

（2）取消找坡层，结构找坡3%。若既有屋面未结构找坡，将屋面划分为若干区块，粉抹1∶8水泥珍珠岩（或蛭石），找平放坡2%。

（3）取消保温层，因种植屋面具有良好的隔热保温功能，炎夏降温6～13℃，寒冬保温1～2.5℃，园路、空坪用黏土加30%珍珠岩做隔热层。

（4）做好主防水层：在上述基础上做好普通主防水层，做法如下，任选一种。

①热熔 SBS/APP 改性沥青卷材，（3+4）mm 厚叠层防水；

②4mm 厚 SBS/APP 改性沥青本体自粘卷材（Ⅰ型）；

③1.8mm 厚 PVC 或 TPO 高分子自粘卷材；

④2.7mm 厚聚氨酯或聚酯弹性防水涂料。

（5）铺设种植土（田园土）100～500mm 厚，前者铺装草坪块/草坪毡，后者栽种花草、灌木、小乔木。

栽种高大乔木时，则采用种植池（图13-29）。

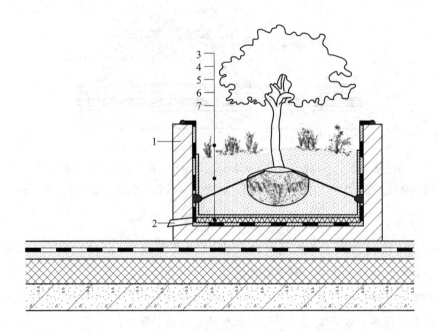

1—种植池；2—排水管（孔）；3—植被层；4—种植土层；

5—过滤层；6—排（蓄）水层；7—耐根穿刺防水层

图 13-29　种植池

（6）做好排（蓄）水工作

①周边设排水沟；

②檐边主防水层上设 ϕ30～50 的 UPVC 导水管，长不小于 300mm，将主防水层上的雨水、蒸汽引入排水沟；

③园路上表面应低于种植土上表面 20～30mm，将种植层多余雨水导入园路；

④园路两边应设麻石石缘，麻石与园路之间设导水沟（宽 30mm、深 30～50mm），将种植层多余雨水引入排水沟；

⑤主防水层上应满面铺装排（蓄）水板。通过上述措施将种植层多余雨水引入

天沟、檐沟，天沟檐沟通过立式排水管（一般直径为 90～110mm），将水排入市政排水网络。

（7）园路、空坪构造设计（图 13-30）

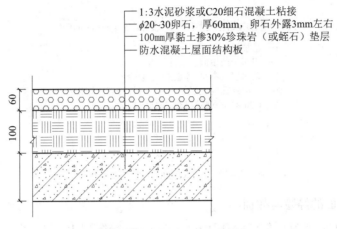

　　　　1:3水泥砂浆或C20细石混凝土粘接
　　　　φ20～30卵石，厚60mm，卵石外露3mm左右
　　　　100mm厚黏土掺30%珍珠岩（或蛭石）垫层
　　　　防水混凝土屋面结构板

图 13-30　园路、空坪构造示意图

（8）运营中的管理与维护

种植屋面使用中应加强管理与维护，100m² 左右的小屋面业主应设兼职管理员，中大型种植屋面应设专职管理员 1～3 人（视屋面面积大小决定）。管理人员的职责如下：

①大中雨后，查看排水系统是否堵塞，若有堵塞应立即疏通；

②不定期查看植被生长情况，并进行除草、剪枝；若有枯萎或死株，分清原因后，采取更换或补植措施；

③炎夏季节视实际情况，采取人工灌溉或机械喷水，寒冷季节应采取保温防冻措施；

④每年追肥 1～2 次；

⑤园林小品、避雷设施、路缘石、护栏、标识等应保持整洁和无缺损，损坏后应及时修复。

13.3.3　乡村振兴，应普及绿化种植工程

1）我国农村人口大大超过城市人口，农村国土面积大大超过城市。农村绿化普及，对我国与周边邻近国家及全球的节能减排有着重大贡献。

2）农村田园土与红壤土十分丰富，乡村植物多种多样，对绿化种植工程有着得天独厚的物质基础。20 多年前，四川一位农友带头大搞屋顶绿化与外墙垂直绿化，不但绿化美化了自家环境，而且带动了亲朋好友创造宜居家园。

3）农村绿化相对而言，成本较低，一次投资粗略统计只有城市花园式绿化的三分之一左右。

4）乡村绿化带动乡村中小型防水企业的发展，在专业技术人员的帮助下，开发新型防水材料与施工技术，发展辅助设施，消纳就业人员。

5）乡村绿化助推"农家乐"的兴起与发展，带动文旅事业的兴旺，为城镇居民提供休闲美境。

6）据调查，乡村农家屋顶绿化的构造多数如图 13-31 所示。

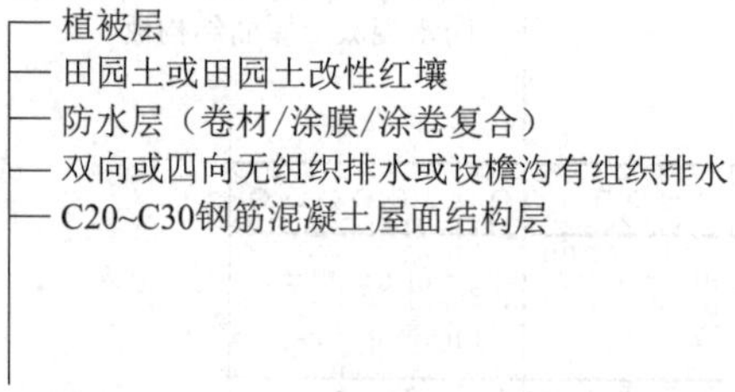

—— 植被层
—— 田园土或田园土改性红壤
—— 防水层（卷材/涂膜/涂卷复合）
—— 双向或四向无组织排水或设檐沟有组织排水
—— C20~C30钢筋混凝土屋面结构层

图 13-31　农家屋顶种植构造示意图

13.3.4　种植屋面的经验与教训

我们施工的 20 多项（栋）种植屋面已运营 10～20 年以上，绝大多数目前风华正茂，基本无渗漏现象。但我们得知，株洲市湘江西岸有一个 1000 多 m² 的种植屋面。由于混凝土结构板不密实，并存在一些裂缝，未经修补密实就栽种花草植物，竣工后不到一年，中大雨时发生普遍渗漏；第二年植物枝繁叶茂，但渗漏日趋严重；第三年干脆全部铲除，重新做防水与种植，知情人感叹不已。

近 10 年，我们在衡阳同安福龙湾施工了 50000 多 m² 的种植顶板，小区有 15 栋 22～28 层商住楼已先后竣工 5～8 年，至今无一处渗漏，植物生长茂盛（图 13-32）。

我们 2003 年在湘潭金桥小区 5000 多 m² 的地下室顶板上种植 10 多种花草树木，现已运营 20 年。无渗漏可见且植物生长茂盛，已成为小区居民与哈佛幼儿园儿童休憩玩耍的乐园（图 13-33）。

图 13-32　种植顶板

图 13-33　植物生长茂盛

13.4　地下工程变形缝粘接式防水构造 [①]

13.4.1　地下工程变形缝防水的现状

建筑物的防水是建筑工程中至关重要的一个环节。渗漏不但影响到建筑物的使用功能，扰乱人们的正常生活、工作秩序，而且直接影响到整栋建筑物的使用寿命。面对渗漏现象，人们要花费大量的人力和物力来返修。有的部位如变形缝，一旦渗漏，则基本上无法根治，终身带病运行。在中国，建筑渗漏水成了工程质量的重灾区之一。在工程质量投诉中，渗漏投诉比例一直居高不下。经过 30 年的努力治理，至今列为建筑工程质量通病之首。

下面的一些例子，说明地下工程防水失败的普遍性及带来的危害。

某城市逢大雨，地铁公司紧急投放 500 多台水泵，以应对全系统多个地铁站同时崩溃，走廊、站台甚至车厢都大量进水；中原地产首席分析师张大伟 2022 年 8 月 6 日说：“全北京去年到今年一年半的时间，一共交付了 125 个项目，没有一个不漏水的。”

不光是中国有这类问题，美国也有。2021 年 6 月，迈阿密有一栋 40 年楼龄的 12 层公寓，因失去支撑突然坍塌，造成 98 人遇难，事故报告尚未出炉，但地下室渗漏脱不了干系，漏水处混凝土结构受到破坏，钢筋锈蚀、梁柱开裂（图 13-34）。

图 13-34　迈阿密倒塌的公寓（2021 年 6 月）

地下车库经常有 1ft（30.48cm）、2ft（60.96cm）深的海水。为排水，每 1～2 年换一次水泵电机。这就是所谓的“终身带病运行”。

目前，应对地下室漏水的常规做法不是维修，因为一是修不了，二是太贵，10 倍做防水的钱也不够。通常，会采用“内腔排水法”。顶板漏了，用钢板槽接走；侧墙漏

①吴兆圣[1]，吴长龙[2]，张道真[3]（1. 盛誉实业公司，深圳，578000；2. 北新防水；3. 深圳大学建筑规划学院）。吴兆圣，男，1945 年 10 月出生于上海，1968 年毕业于北京化工大学，任深圳盛誉实业有限公司总经理 30 年，高级工程师，从事机械制造、有机合成及建筑防水行业。

了，修一个夹墙，墙脚用水沟排水，或在地下室底板上铺一层塑料排水板，下有过水通道，上面浇筑一层厚厚的混凝土。把漏进来的水引到集水坑，再用水泵排到市政下水道。开发商、承建商都愿用此方法，因为便宜。

但是，这是不负责的做法，耗费能源是一方面，重要的是由于地下水长期浸泡和冲刷，对钢筋的锈蚀、对混凝土的破坏，使得基础混凝土结构失去了承载能力。所谓防水，就是阻挡外界水进入室内。欧美有些地区，地下室也采用"内腔排水法"，这种做法表面上是符合当地有关建筑法规的，如英国最新防水标准《保护地下结构防止进水业务守则》BS 8102—2022，但用排水替代防水，会产生严重的不良后果。如果"内腔排水法"用于建筑物寿命晚期，是可以的。如果建筑师放弃防水，直接采用"内腔排水法"，在建筑物建成初期就"苟延残喘"，则是应该被禁止的。上述的英国标准，内腔排水法是为高级别的防水、防潮而设计的，不能当作掩盖渗漏的措施。

图 13-35～图 13-40 显示的工程实例，基本上都是变形缝防水失败引起的。

图 13-35 深圳万豪公寓跨变
形缝种植屋面

图 13-36 深圳机场地下车库

图 13-37 东京
地铁

图 13-38 华盛顿地铁

图 13-39 杭州地铁

图 13-40 上海地铁

13.4.2 现行防水技术失败的原因

1）现行国家标准《地下工程防水技术规范》GB 50108 认为，中埋式止水带埋在混凝土里，和混凝土粘接，所以能够阻水通过。事实上，钢板、橡胶、塑料和混凝土不粘接，通过试验就可以证明。

2）认为中埋式止水带延长了渗水途径，也起了止水作用。问题是：止水带与混凝土之间存在缝隙，所增加的十几厘米渗水途径能够起到的阻水作用微乎其微，加长渗水路线可能使得渗透时间增加了几分钟，没有实际意义。此外，止水带宽度增加，对混凝土整体性削弱更大，止水带下面混凝土的质量更差。

3）《水工建筑物止水带技术规范》DL/T 5215—2005 中第 5.1.1.2 条规定：在水压力和接缝位移作用下，止水带应不发生绕渗或尽量避免发生绕渗。该规定认为止水带和混凝土之间有缝隙，所以提出了"绕渗"的概念，并要求水头超过 100m 时，采用复合型止水带。但是，规范还是采用了中埋式止水带。该止水带的安装工艺要求，极不适应当下普遍存在的粗糙施工。

4）美国内政部农垦局技术报告《PVC 变形缝止水带试验报告》REC-ERC-84-14 4。试验的目的是总结混凝土运河衬砌的 PVC 止水带的可用信息，报告认为止水带的作用是有效的。

但是，报告中照片显示当变形量到达 6.4mm（图 13-41）及 10.4mm（图 13-42）时，止水带与混凝土之间出现极宽的缝隙，仅靠很小一部分抵紧止水。该点在全周长范围内只要出现一点受压不均，就可能渗漏。因此，不能认为止水带可以有效止水。

5号测试
初始伸长：3.2mm（0.125in）
5d伸长：6.4mm（0.25in）
所需荷载：113.9N（21.5lbf）
全强度：0.61MPa（89.0lb/in²）

图 13-41　变形量 6.4mm

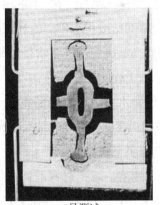
5号测试
340d伸长：10.4mm（0.41in）
裂缝：128%

图 13-42　变形量 10.4mm

13.4.3　粘接式防水构造能够成立的原因

由于研发了 PVC 防水卷材环氧树脂胶粘剂，使得粘接式防水构造能够实施。当前，防水卷材胶粘剂执行的现行标准是《高分子防水卷材胶粘剂》JC/T 863，是以合成弹性体为基料的胶粘剂，其优点是便宜、使用方便，得以在低价中标的时期风行；其缺点是工作寿命短，只能临时固定卷材，多见于几个月就开胶的工程实例。西卡公司研制的氯磺化聚乙烯胶粘剂，已经有几十年的工程实例。本人研制的聚氯乙烯卷材胶粘剂也有十几年不间断浸水的大型工程实例。高性能卷材胶粘剂的研发和实际应用的开发，使得粘接式防水构造能够成立，可从这些年的工程实例中得到证明。

13.4.4　粘接式变形缝防水构造的技术突破

1）不需要多道防水措施，极大地提高了变形缝的可靠性。传统的变形缝防水系统是以中埋式止水带为主防水措施，以外置止水带及密封胶为辅助防水措施，在变形缝部位增加局部加强外包防水层，最外层是整体外包防水层，合计 5 道防水措施。这几项防水措施可靠性都不高，叠加在一起仍然不能可靠地防水。本项技术把止水带分别粘接在变形缝两边，消除了渗漏的缝隙，成功地解决了防水可靠性的问题。在大型的工程中，只采用一道粘接式防水，不需要其他辅助防水措施，有了不间断浸水 10 年以上的工程实例。

2）粘接式变形缝防水构造进化到 2.0 版，减轻劳动强度，简化施工工艺，类似"傻瓜相机"的标准化操作，减少了人为因素的影响，增加了对工程质量的掌控。

3）使用寿命长且维修简便。中埋式止水带埋在混凝土里，一旦发生渗漏，基本上无法根治，只能"终身带病运行"。本项目安装止水带的位置接近迎水面或者背水面，采用环氧树脂胶粘剂粘接止水带。因环氧树脂可解胶，能很方便置换止水带。特别是用于背水面时，可轻易解决变形缝止水带的维修问题。本项目防水工程的设计寿命是 40 年，通过翻修延长防水工程的工作寿命，可以和建筑物同步。

4）本项目的防水系统可以轻易完成水压试验，给设计师、业主、监理、施工方一个可以用具体数据描述的、明确的结果。改变了目前建筑师千篇一律的僵化设计、监理工程师盲目验收，有了很大的进步。

5）提高施工速度，减少材料消耗，降低工时，总成本大幅降低。止水带安装在变形缝内部，在交叉作业的现场，得到了有效保护，减少了返修费用。

6）扩大应用范围，可用于宽缝及高水压的工作条件。

13.4.5　知识产权

在美国申请的专利于 2022 年 8 月获得授权，专利名称：一种具有粘接式内置止水带结构的建筑变形缝防水系统及做法，专利号：US11，414，856 B2，内容相同的专利也在中国获得授权。

13.5 砌筑结构地下室堵漏抗渗防结露霉变工程施工技术探讨 [①]

我国 20 世纪 70 ～ 80 年代以前较多的地下建筑物采用黏土砖砌筑结构修建而成，如建筑工程地下室、人防工事、暗埋通道等建筑物，经过几十年的运营，渗漏频发，但仍有利用价值。只要治理得法，还是能彻底解决这类建筑物的渗漏顽疾。随着人们对地下建筑空间要求的不断提高，不但需要渗漏等级达到一级，而且还要求达到不潮闷、不结露的干燥需求。这就对我们这些专业防水公司提出了新时代的挑战。我公司经过多年的实践学习和研究，在砌筑结构地下建筑物的堵漏、抗渗、防结露、防霉变工程的应用过程中，总结出了一套系统、有效的施工技术，取得了较好的应用效果。以下就某住宅小区的砖砌体地下室的渗漏治理，与各位同仁一起探讨这类建筑物的堵漏、抗渗、防结露、防霉变施工技术的经验教训。

13.5.1 工程概况

1）该工程位于水系较发达的湖南衡阳地区，年降水量 1400mm 左右，地下水较为丰富。勘查期间测量的地下水初始水位埋深 0.9 ～ 1.5m，高程 0.5 ～ 0.8m；稳定水位埋深 0.7 ～ 1.2m，高程 0.6 ～ 0.9m；地质多为杂填土和淤泥质土，下层为粉质黏土和强风化页岩。由几个大小不同的池塘回填而建，回填厚度达 4 ～ 6m，经 30 余年已完成自重固结。

2）该地下室墙体采用黏土砖砌筑而成，砌筑砂浆强度等级为 M7.5，墙身厚度为 370mm。工程竣工投入使用时，即存在局部区域慢渗现象，随时间推移而逐年发展成快渗和漏水现象。因渗漏较为严重，多次维修未达到治理效果而弃用多年。业主在我公司举行的渗漏普查中才得知此类砌筑体渗漏可以根治，才重新启动维修计划。将该地下室渗漏、堵漏、防结露、防霉变工程，交由我公司治理。

3）进入地下室可目测到室内饰面存在大量霉变斑点和斑块，局部区域出现不同程度的泛碱起皮现象，体感阴暗、潮湿，地面遍布湿渍或积水，空气中弥漫刺鼻的霉味，地下空间缺陷如图 13-43、图 13-44 所示。

4）凿除墙体砂浆找平层，发现墙身通体呈现洇湿状态，距墙根 1.2 ～ 1.5m 高存在 50% 的方位有慢渗和快渗现象，大部分渗漏呈带状或片状分布于墙根一带，带状渗漏处局部区域分布有 0.5 ～ 2m² 不同面积大小的片状渗漏，沿墙根上翻 0.5m 高的范围内分布有 30 余处涌水渗漏，3h 即在地面形成约 120mm 深的积水。墙根附近涌水、积水如图 13-45、图 13-46 所示。

① 唐灿 [1]，廖翔鹏 [2]，陈修荣 [1]，唐茜 [1]（1. 湖南衡阳市盛唐高科防水工程公司，衡阳市，421000；2. 湖南五彩石防水防腐工程技术有限公司，长沙市，410000）。唐灿，男，出生于衡阳，2020 年毕业于湖南工程建筑学院，现是湖南创马建筑工程有限公司总经理，联系地址：衡阳市白沙大道 73 号。

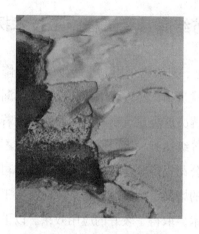 

图 13-43　墙面泛碱、起皮　　　　图 13-44　饰面大量霉变斑块

图 13-45　墙根涌水渗漏　　　　　图 13-46　地面严重积水

5）室内木制装修材料及家具因渗漏和潮气的侵害全部损毁，只有全部拆除而废弃，产生大量建筑垃圾，造成较大的经济损失。见图 13-47、图 13-48。

图 13-47　木制家具损毁　　　　　图 13-48　墙面通体洇湿

6）业主要求此次治理，不但要达到防水层与结构同寿命的设防年限，而且还要达到长期防结露、防霉变的治理目标。

13.5.2　治理思路

1）本工程渗漏的主要渗漏源和渗漏成因是富存于人工填土层中雨水及市政排污管渗漏形成的潜水，主要受大气降水下渗及相邻含水层内地下水的侧向径流补给；同时，通过蒸发及地下侧向径流从不密实砖砌材料和砌筑缝往室内渗漏。

2）该地下室内洇湿和已结露霉变的主要成因是墙体渗漏的液态水和气态水；次要成因是含水率高的空气；加之，空气与墙体的温差（3.7℃以上），当较高湿度的高含水率空气接触较低温度的墙体和家具时，即会在其表面形成冷凝现象而结露；若排潮换风设施不完善，室内积聚的潮气即会产生饰面霉变和墙体泛碱、起皮。

3）根据国家规范要求和工程实况，以及业主的治理要求和本公司多年总结的经验，拟采用多种材料及多种工艺相结合，组成系统的综合治理技术体系，对本工程的堵漏抗渗及防结露霉变分步进行全方位的治理；首先解决液态水渗漏，再解决气态水的渗漏，其次解决结露和霉变的问题。

4）根治渗漏的液态水技术措施：宜先采用无机帷幕注浆工艺在壁后进行回填压密，利用水下抗分散材料在土层中形成的结石体对回填土进行加固。将壁后迎水面土层的脱空层填充饱满，同时将回填土层的侧向补给经流截断，将渗漏涌水处的大水控制为小水、无序水约束成有序水。当壁后无机注浆料结石体将涌水、渗漏、快渗等渗漏完全控制后，再在无机注浆结石体与墙体迎水面的结合部进行化学帷幕注浆，利用化学注浆液的凝胶体在迎水面再造一道耐久性优良，具有自修复功能的长效防水层，彻底控制慢渗等级以上的渗漏源向室内渗入。

5）根治气态水渗漏的技术措施：宜在室内背水面采用多层抹面法施做一道粘接强度大、具有自愈功效的负压抗裂抗渗聚合物砂浆，再在砂浆表面施作一道高强度的背水负压抗渗涂层，利用两道相容性优良的复合防水层，在背水面构筑成耐久性优良的防水防潮屏障，彻底阻断气态水造成的慢渗等级渗漏源向室内渗入。

6）根治墙体基面结露的技术措施：宜在基面刮涂一道保温腻子，缩小空气与室内墙体表面的温差，消除露点和冷凝现象，防止墙身表层结露。

7）根治墙体饰面霉变的技术措施：宜在抗冷凝措施完成后，先进行霉菌消杀，彻底将霉变发生源根治；再在室内所有基面上涂布一道耐水性优良、具有防霉功能的涂层，同时兼作饰面层。

8）在上述基础上，在室内安装新风换气装置和吸湿机，在汛水期及梅雨天气及时进行空气置换和除湿，作为抗冷凝辅助措施，确保室内达到长期干燥、冬暖夏凉的舒适环境。

13.5.3　材料选优

1. 水下抗分散无机注浆液

1）高抗分散性。可不排水施工，即使受到水的冲刷作用，水下浇筑时的水下不分散混凝土不分散、不离析、不流失。

2）优良的施工性。水下不分散混凝土虽然黏性大，但富于塑性，有良好的流动性，浇筑到指定位置能自流平、自密实。

3）适应性强。新拌水下不分散混凝土可用不同的施工方法进行浇筑，并可通过多种外加剂的复配，满足不同施工性能的要求。

4）不泌水、不产生浮浆，凝结时间可随意调整。

5）安全、环保性好。掺入的絮凝剂经卫生检疫部门检测，对人体无毒、无害，可用于饮用水工程。新拌水下不分散混凝土在浇筑施工时，对施工水域无污染。

2. 锢水止漏胶注浆料

1）锢水胶，是一款有机、无机混合型灌浆堵漏材料，主要用于灌浆，形成韧性防水层。

它具有绿色、环保、稠密、不透水、韧性适变、较强黏附、不产生热量、不被微生物腐蚀、纳米级材料，可灌性好，可与工程同寿命等领先优势。

2）研发锢水胶的创新点

（1）绿色、环保：锢水胶主剂和外加剂均采用绿色、环保的原材料，VOC 为零。

（2）固结成韧性体，与基体化学键合。

（3）稠密不透水：锢水胶具有稠密、不透水功能。

（4）预防新漏：锢水胶再造防水层之后，再出现新的裂缝也不会渗漏，既可堵漏也可防漏。

（5）纳米级单液灌浆操作简便，对灌浆设备无特殊要求。

3）锢水胶使用范围广泛，可用于地面、地下及水中建（构）筑物的注浆堵漏防水及防腐防护。

3. 丙烯酸－丁腈乳液

该产品是由丙烯腈与丁醇、1'-2' 丁二醇丁基化后，再与丙烯酸酯单体共聚而成的高聚物。由于采用大长分子链有限扩链和限制分子量过高的分段聚合技术，使聚合物产生大量的自由基团，在较低黏度的情况下仍然具有较好的机械力和附着力。尤其在潮湿的混凝土基面上，有非常好的水基交联作用，由于有自由基团永久的活性作用，其交联体具有自我修复功能。产品用途广泛，可用于水基涂料的中间体，亦可用作涂层的基料，尤其和硅酸盐反应后具有良好的防水功效。

4. 爱贝图负压抗渗涂料

爱贝图防漏胶（简称爱贝图）是一款绿色、环保、高性能、高性价比、应用范围广、操作简便、背迎水面均可涂刷、长效防漏的双组分高分子材料，固化后具有韧性。

爱贝图的主要性能：无溶剂固含量大于 99%，对各种基面均具有强粘接力，拉伸剪切强度高，背水面应用既能抵抗水压，又能一定程度上适应裂缝的变形；较高的黏稠度和一定的触变性，利于厚涂和立面、顶面涂刷，并且黏度和固化时间可调，不透水性和极低的吸水率，耐酸碱、耐高低温，涂刷施工方便、高效。

5. 防结露保温隔热涂料

该材料采用纳米合成技术，形成一种具有防结露特殊功能的高分子材料；同时，引进国外先进的微孔粒子生产技术和设备，生产出微孔纳米填料。

产品特性：

1）防止结露、抗潮湿等性能优良，释放水蒸气，调节湿度，可防止建（构）筑物内部结露，规避涂膜膨胀、剥落。

2）涂料干膜抗菌藻，防霉性佳，耐老化性能好。

3）可防止混凝土碳化，延长建（构）筑物的使用寿命。

4）无机水性无溶剂，低 VOC 环保涂料，施工操作简单。

5）有高强的附着性，可长期附着基体。

6）具有墙内外漆的优点，可以应用在迎水面及背水面的保温防腐工程。

6. 双组分除霉防霉涂料

除霉剂 A 的主要成分：

1）杀菌剂：可杀菌灭藻、杀微生物等，通常是指能有效地控制或杀死水中、空气中的微生物、细菌、真菌和藻类的化学药剂。

2）分解剂：将物质分解或降解。

3）氧化剂：促进氧化反应。

4）清洁剂：能将表面附着的污物分解，转化成无毒、无害的水溶性物质。

防霉剂 B 的主要成分：

1）抑菌剂：能抑制细菌生长的物质。

2）抑霉剂：能够抑制霉菌繁殖的物质。

3）干膜防霉剂：能有效杀灭霉菌、酵母菌、藻类和细菌，对真菌有特效。

7. 渗透结晶型防水涂料

是以特种水泥、石英砂等为基料，掺入多种活性化学物质制成的粉状刚性防水材料。与水作用后，材料中含有的活性化学物质通过载体水向混凝土内部渗透，可在混凝土中形成不溶于水的结晶体，堵塞毛细通道，从而使混凝土致密、防水。

1）适宜在潮湿的基面上施工，还能在渗水的情况下施工。

2）能长期抗渗及耐受强水压，属无机材料不存在老化问题，与混凝土同寿命。

3）具有超强的渗透能力，在混凝土内部渗透结晶，具有超凡的自我修复能力，可修复小于 0.4mm 的裂缝。

4）防止冻融循环，抑制碱 – 骨料反应，防止化学腐蚀对混凝土结构的破坏，对钢筋起保护作用。

13.5.4　砌体壁后灌浆施工技术

1. 布设注浆孔

根据单体墙面的面积和形状，距墙根 200mm 高布设注浆孔。孔距 1.2 ～ 1.5m、孔深打穿 370mm 砖体至壁后 500mm，呈矩阵式梅花状错孔，采用防扭臂电锤装 1000mm 长钻花钻 ϕ22 孔至壁后土层，反复抽拉钻杆，直至土层积水通畅涌出，如图 13-49、图 13-50 所示。

图 13-49　加长麻花钻打孔　　　图 13-50　矩阵式错孔布设注浆管

2. 安装注浆管泄压排水

采用 ϕ24 的优质 PPR 管及适合机器的组件热熔焊接，制作快捷挤入式注浆管，用橡皮锤敲击挤入砖墙 100 ～ 150mm 深并固定牢固。接驳限流龙头，打开节流阀排水排气泄压，将壁后土层内集聚的积水排出，再用小型水泵将地面积水排至室外，为后续注浆施工提供良好基础，如图 13-51、图 13-52 所示。

3. 配制无机注浆料

按水泥胶料的 2% 掺入水下不分散添加剂，配制水中不分散水泥注浆料。水灰比为 0.3 ～ 0.35，用打灰器搅拌均匀，静置 10min 左右再搅拌一次，直至浆液呈油润状方可使用，如图 13-53、图 13-54 所示。

图 13-51　打开节流阀泄压

图 13-52　排水排渍导出室外

图 13-53　搅拌无机注浆料

图 13-54　浆液油润呈拉丝状

4. 回填注浆施工

采用小型螺杆泵进行施工，在料斗内用洁净水进行低压冲洗注浆管及注浆头，测试注浆机运行正常后，将注浆头用快接头按注浆方案编号接驳在注浆管上，采用低压徐灌工法从低位注浆孔开始注浆施工，逐孔灌注制备好的注浆料，控制注浆压力 ≤ 0.2MPa。当低位注浆孔完成注浆后，再换至高位注浆孔依次逐孔注浆，如图 13-55、图 13-56 所示。

打开进浆孔相邻的 2 ～ 3 个注浆管节流阀引水排气，连续压浆直至相邻的注浆管有浆料涌出，立即关闭节流阀。恒压顶浆 3min 左右，关闭注浆管的节流阀，随后移至下一个注浆管注浆，按此循环操作。

图 13-55　华式螺杆泵注浆机操作　　图 13-56　快捷式注浆头接驳注浆管

5. 压密注浆施工

每个单体墙面的回填注浆完成后，间隔 2h，待回填注浆料在壁后土层水化反应呈稳定塑状形且未凝固前，采用叠浆法进行多次换孔的间隙式压密注浆，确保注浆料在壁后形成竖向厚质阻水帷幕。在注浆过程中，遇有砖缝跑浆现象，用布条挤入跑浆处的砖缝进行临时止漏，小量砖缝漏浆可不用处置，注浆料有絮凝效果，稍等 1 ~ 2min 会自动止漏，如图 13-57、图 13-58 所示。

图 13-57　墙面压密注浆砖缝溢浆　　图 13-58　跑浆处填塞布条止漏

遇有压力骤升而进浆量减小，实为注浆通道暂时堵塞的顶压假象，可适当增加注浆压力。利用浆液的劈裂效应，将注浆通道顶通，以实现注浆的顺利进行。

如注浆液异常超出设计的进浆量，即可判定为审浆现象。应采用间歇法或跳仓法进行注浆操作，以确保砖砌体背面的土层浆料为饱满充盈状态。

13.5.5　砌体墙根化学注浆施工技术

1. 布设注浆孔

砌体灌浆 24h 后，注浆料初凝而未完全固化时，采用防扭臂电锤安装 ϕ14、500mm 长麻花钻杆。根据单体墙面慢渗的区域状况，墙根上反的带状慢渗区域采用行矩阵式布设注浆孔，距墙根上反 100mm 高、孔距 300～500mm，钻 ϕ14 孔刚好打穿砖墙壁后与砌体注浆料结合处，安装 ϕ8 止水针头并锁紧于砖体 60mm 深；墙面慢渗的块状密集区采用矩阵式梅花状错孔，布设点阵型注浆孔，同样按墙根打孔方式布设注浆孔，如图 13-59、图 13-60 所示。

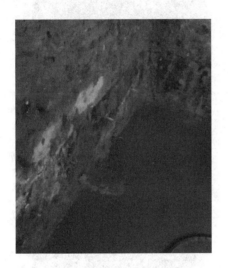

图 13-59　墙根行距式布设注浆孔　　　　图 13-60　墙面矩阵式布设注浆孔

2. 灌注丙烯酸盐

采用小型电动双液化学注浆机进行施工，测试注浆机运行正常后，开始化学注浆施工，先从墙根带状慢渗区域开始，采用低压徐灌顶浆工法从一端向另一端逐孔灌注丙烯酸盐注浆液，压力控制在 0.2～0.5MPa 以内，多次间隙式换孔进行叠浆复灌，要求少量低压循序渐进；墙根带状慢渗化学帷幕注浆完成后，按以上注浆工法施工墙面片状慢渗渗漏密集区，同样要求多次间隙式换孔进行叠浆复灌。如间隔 4h 后仍有局部复漏处，应及时补孔加灌，确保注浆液布浆饱满，形成连续封闭。在墙体壁后与无机帷幕材料之间布设一道完整的竖向柔性再造凝胶防水层，如图 13-61、图 13-62 所示。

3. 排潮促干查漏

止住明水，墙壁开始局部干燥泛白后，摆设强力风扇组，在潮气高聚的室内形成负压区，可迅速将室内潮气排出室外。注浆止水有效的区域会迅速干燥发白，这是最行之有效的方法，如图 13-63、图 13-64 所示。

图 13-61　丙烯酸盐注浆料配制小样

图 13-62　化学帷幕注浆操作

图 13-63　排潮促干机具摆放

图 13-64　墙面干燥发白完工

13.5.6　砖体基础化学注浆做法

由于本工程深埋基础是采用大方脚砖体砌筑而成，仍有土层积聚的地下水从砖缝向墙根砌筑缝中渗出，故采用双道二序孔布孔方式，进行深层化学精准注浆止水。

1. 布设注浆孔

一序孔先采用 $\phi14$、500mm 长麻花钻，距墙根 200～250mm 高、与墙面成 30° 夹角斜向往下方钻 200mm 深。再换 1000mm 长同口径麻花钻杆，继续往下方砖体基础钻至约 500mm 深、墙身约三分之二的一序孔深层注浆孔，安装 $\phi8$ 止水针头并锁紧于墙体 100mm 深；二序孔采用 $\phi14$、500mm 长麻花钻离墙根 100mm 高、与一序孔距约 200mm 宽、与墙面成 45° 夹角斜向墙根钻至墙身 200mm 深，安装 $\phi8$ 止水针头并锁紧于墙体 100mm 深，如图 13-65、图 13-66 所示。

图 13-65　墙根基础　　　　图 13-66　墙根基础
深层注浆一序孔　　　　　浅层注浆二序孔

2. 基础注浆

采用全自动专用环氧注浆机低压徐灌高渗透改性环氧树脂注浆液，先注一序孔、后注二序孔，注浆工法采用间隙式顶浆注浆法进行多次换孔复灌，确保墙根下方的基础砖体砌筑缝内化学浆液达到饱满、密实，彻底阻断基础砖缝的渗漏，如图 13-67、图 13-68 所示。

图 13-67　基础深层注浆布　　　图 13-68　全自动环氧注浆
孔图　　　　　　　　　机注浆操作

13.5.7　复合聚合物砂浆施工技术

1. 基层处理

采用长柄打磨机安装钢丝打磨头，将墙面残余的浮渣灰土打磨去除干净，洒水将墙面彻底浸润至饱水状态，刷涂丁腈聚合物乳液配制而成的无冷缝界面剂，以增强后序砂浆层与墙体的粘接强度。此步措施至关重要，切不可忽视。打磨基面如图 13-69 所示，刷涂无冷缝界面剂如图 13-70 所示。

图 13-69　打磨基面　　　　　图 13-70　刷涂无冷缝界面剂

2. 砂浆配制

无冷缝界面剂初凝后，按照 42.5 级普通硅酸盐水泥∶中砂∶丁腈聚合物乳液∶渗透结晶型材料∶洁净水 =100∶250∶12∶7∶25 的质量比配制聚合物砂浆，要求按三干三湿的砂浆拌制方法将材料混合均匀，搅拌成适宜的复合抹面砂浆。

3. 聚合物砂浆多层抹面施工

采用多层抹面法先在墙面抹压一道 10mm 左右的砂浆层，趁湿铺贴一道耐碱网格布，长、短边搭接宽度≥100mm；同时，轻抹压入砂浆中并抚展平整；第一道底涂初凝后，紧随抹压第二层砂浆≤10mm 的中涂层；要求用赶尺和刮板将垂直度和平整度控制精准，收水后适时反复搓压、磨浆、提浆；中涂抹面砂浆初凝后，紧随抹压≤5mm 厚的面涂层，要求抹压平整、密实，收水后用铁抹子压实面层，如图 13-71、图 13-72 所示。

图 13-71　抹压砂浆铺贴胎布　　　图 13-72　反复搓压磨浆提浆

4. 墙根勒脚加强止水

沿墙根在底板结合部弹线，定位 50～60mm 宽的勒脚线，在底板与墙根结合处切割并凿出 30mm 深的槽口，清理干净渣块和浮浆，刷涂无冷缝界面剂。分两次分道抹压与墙面同质的复合砂浆，同时将阴角抹压成 $\phi 20$ 的 R 角，防止阴角应力集中而开裂，以增强墙根与底板结合部的止水功能，如图 13-73、图 13-74 所示。

图 13-73　墙根勒脚开槽　　　　　图 13-74　墙根抹压 R 角

13.5.8　背水面防水防潮涂层施工技术

1. 爱贝图拌制

爱贝图主剂为乳白色黏稠体，固化剂为深褐色或黑色黏稠体，促凝剂为浅红色低黏度液体，加强布超薄、高强、通透。爱贝图主剂和固化剂质量比为 5∶1，比例要求准确。采用电动搅拌，搅拌时间大于 2min，要求搅拌均匀。

2. 爱贝图批抹

基面确认干净、牢固后，爱贝图拌制好后即可对预定区域进行批抹。批抹时每次厚度以 0.5 ～ 1mm 为宜，还要注意别总是往返刮涂，这也容易导致墙面出现卷皮、脱落等现象，如图 13-75、图 13-76 所示。

图 13-75　刮涂防潮涂层　　　　　图 13-76　反复刮涂压密

13.5.9 防结露保温涂层施工技术

1. 除霉抗霉处理

霉变集聚基面首先采用除霉剂均匀喷涂至饱和状态,霉斑较重区域应分次适量喷涂,待除霉剂反应分解霉斑淡化后,开启排风设施,将分解的化学制剂混合气体排出室外,有利于除霉效果的显现;间隔 24h 后,确认除霉效果达标后,在基面整体喷涂一道均匀饱和的抗霉剂。含有杀菌活性成分的抗霉剂可有效抑制霉菌的再次繁殖能力,在有效使用年限内再次产生霉变,如图 13-77、图 13-78 所示。

2. 基层处理

基层空鼓处及反碱起皮应铲除,刷涂一道固面剂固结基面。局部反碱处喷涂一道除碱剂,将基面逸出的碱质物质除干净,为后序的保温涂层打好基础。

3. 防结露保温涂层施工

按防结露保温涂料的厂家说明配制适当水灰比的黏稠腻子涂料,要求分两次搅拌成无团粒的均质油润状方可;采用刮涂法,首先刮涂第一道封闭底涂层,要求涂层均质、密实,无漏涂或厚涂流挂现象;第一道底涂层表干后,与前道涂层变换刮涂方向交叉刮涂第二层中涂层,要求涂层均匀涂布,厚度满足 2mm;中涂层表干后,与前道涂层交叉刮涂面涂保温腻子涂层,要求刮涂均匀、密实,同时作抹面收光处理,如图 13-79、图 13-80 所示。

图 13-77　除霉施工前　　图 13-78　除霉效果　　图 13-79　分两次搅拌　　图 13-80　刮涂防结露保
　　　　　　　　　　　　　　　　　　显著　　　　　　　　　材料　　　　　　　　温腻子

13.5.10 防霉饰面涂层施工技术

1. 物品防护措施

为防止门窗及灯具等其他物品在涂层施工中受到污染,应采用铺贴隔离防护膜和遮挡方式,对上述物品进行防护处理。

2. 基面修整处理

确认防结露保温涂层完全干透后，采用无尘打磨机将基面打磨至平整状态，局部坑洼不平整处应及时补平修整；同时，开启排风设施除尘排气，将地面残余灰尘用吸尘器处理干净，为后序的涂层提供无尘的干净环境。

3. 防霉涂料施工

小面积宜采用刷涂法或滚涂法施工，大面积宜采用无气喷涂法施工；首先，将材料开桶搅拌均匀，要求涂层分道施工，涂层均质涂布，无漏涂或堆积流挂现象；前道涂层表干后，后道涂层应与前道涂层交叉涂布，以确保涂层均质一致，以达到防霉和饰面效果同步的作用。

13.5.11　结语

该地下室施工完毕交付使用已有两年时间，多次回访未发现复漏，室内干燥整洁，未出现霉变迹象，室内空气新鲜，冬暖夏凉、很舒适，获得了业主的高度认可和赞誉。地下砌筑体建筑渗漏治理的方式各有不同，但始终是围绕增加结构的密实性为主的治理原则。这里所阐述的工艺工法为地下室砖砌体结构的渗漏治理提供了一种思路，可以快速、有效地解决地埋式砌筑结构在富水情况下的渗漏问题，同时适用于各种地埋式现浇结构的渗漏治理和防结露、防霉变的治理，值得业界同仁借鉴和推广。

13.6　石家庄高铁地下车库渗漏，冗余防水堵漏治理工法 [①]

13.6.1　工程概况

该站为已建成多年的地下车库，现在出现漏水现象。通过对该地下车库的勘察分析，混凝土浇捣过程中存在一些缺陷，伸缩缝、接槎部位等细部原设防层失效，一部分混凝土结构疏松脆弱，产生渗漏积水。

根据现场渗漏水情况与业主要求，需要对该地下车库渗漏水部位局部做抗渗堵漏治理，以达到长期不漏水的目的。

13.6.2　常用堵漏技术有待改进，推行冗余内防水技术

传统的渗漏水治理中，人们普遍采用灌注发泡聚氨酯、环氧注浆料、丙烯酸盐等，常出现复漏。有些不能适应结构变形，有些甚至破损结构体，治漏时间短暂。

---

① 张小亮，河北石家庄修神化工产品有限公司。男，1989 年 12 月出生于安徽，中级工程师，石家庄修神化工产品有限公司董事长，河北防水协会修缮分会执行会长。联系地址：河北省石家庄桥西区盛世大厦 607 室。

经反复考虑，我们采用冗余内防水技术：这种技术是石家庄修神化工产品有限公司研发的专业背水面治理渗漏水的新型施工技术之一，克服了传统防水材料与施工技术的缺点，可以快速解决屡治屡漏等问题。

该技术的特点：

1. 适用范围广泛

可以解决混凝土、砖墙、岩石等各种结构的渗漏水。

2. 可靠性高

冗余内防水技术是根据现场渗漏水情况，量身定做耐久性堵漏抗渗施工方案，采用公司自主研发的多种新型内防水材料，刚柔并济，综合治理，最终达到长期不漏水的效果。

3. 不破坏混凝土结构

对混凝土有缺陷的部位进行防水、加固、抗渗、堵漏等综合治理，不会因为破坏混凝土结构而产生新漏点。所用材料可以和混凝土等基层形成一个整体，能够承受基层的变形和很高的漏水压力，在背水面快速解决混凝土、砖混结构局部或大面积渗漏水问题。

4. 施工便捷，速度快，可以节约 80% 的传统施工程序，降低 30%～60% 的施工成本

13.6.3　主要材料简介

1）金钟罩特种防水抗渗浆料：金钟罩特种防水抗渗浆料，由石家庄修神化工产品有限公司研发，是一种在背水面处理混凝土、砖石结构渗漏水的特效刚性内防水材料，由水泥、砂子、石英粉、多种活性激发剂、胶粉等多种成分组成的灰色粉末，单组分。无毒、无味、阻燃、环保，可用于食品和饮用水工程。各种成分与水互相发生反应后，具有多重防水抗渗的功能，而且强度高（7d 强度 C30 以上），耐高低温（-40～200℃），粘接力强（2.0MPa），抗渗压力达 1.8MPa，可耐 180m 水柱的压力，不开裂，耐紫外线，耐老化，抗冻，不易被破坏，施工无搭接缝，可靠性高。已通过国家建筑材料测试中心的检测，被列为中国工程建设重点推广应用产品。

2）XS-16 莱卡树脂，双组分，低黏度，粘接力强，无水形成柔性橡胶。

3）YY36 特种耐候涂料。

4）RDS 冗余防水卷材胶粘剂。

5）XS-16 闪凝浆料，单组分，不收缩，无腐蚀，与水拌和后，1min 左右凝固止水。

6）XS-19 防水浆料。

7）XS-13 特种莱卡树脂。

8）一涂灵，双组分，粘接力强，抗拉性好。

13.6.4　工程渗漏治理方案

1）针对该地下车库筏板渗漏水的特点，采用"封布排结合、堵防结合、止漏与补强结合"的方法，以"因地制宜、刚柔并济、标本兼治、综合治理"为原则，进行科学、严密的施工方案设计。

2）在渗漏状态下进行堵漏补强防水施工时，必须尽量减少渗漏面积，再本着大漏变小漏、线漏变点漏、片漏变孔漏，使渗漏水汇集成一点或数点的原则，进行结构补强、抗渗、堵漏、防水、防腐施工，以减少其他部位的渗漏水压力，保证整体堵漏止水工作的顺利进行。

3）树立主动性、整体性防水理念，做到"有备无患，防微杜渐"。按渗漏的表面形状分，一是点漏，二是缝漏，三是面漏；按渗漏量的大小，渗漏又可分为渗、漏和涌三种形式。

4）可靠性原则：要求采用刚柔结合、多层设防、重点处理、全断面封闭的防水堵漏措施，严密组织，严格管理，精心施工，择优选材，保证达到预期的防水效果。

5）标本兼治的原则：先结构，后表层。先消除结构层的隐患，在筏板下面空腔位置做高强度防水加固处理，在筏板下面重新形成一道新的防水层。大的漏水消除后，如表面仍有局部小漏点，再在表面进行防水抗渗处理。

6）刚柔结合的原则：采用刚柔结合的形式，刚性材料对结构缺陷进行加固补强；柔性材料可以防止基层二次开裂引起的渗漏水。

7）择优选材：选用的材料不但物理力学、化学性能、耐水性和耐久性优异，而且施工性能好。

13.6.5　工艺工法要点

1. 穿墙管根部渗漏水治理做法

1）清除混凝土基层浮灰浮渣，用角磨机打磨粗糙，沿管子周围开槽，宽度 2～3cm，深度 4～5cm，用水冲洗干净；

2）用闪凝浆料或 XS-16 特种莱卡树脂做止水处理；

3）喷涂金钟罩特种防水抗渗浆料 2～3mm；

4）用 XS-19 防水浆料或金钟罩特种防水抗渗浆料与闪凝浆料混合，将所开槽抹平、压实；

5）喷涂第二遍金钟罩特种防水抗渗浆料；

6）在管子周围根部均匀涂刷裂纹渗漏一涂灵两遍。

2. 伸缩缝渗漏水的治理做法

1）直接硬堵密封的方式：这种方案是采用多种施工工艺，将多种刚性材料与多种柔性材料相结合，直接把水封堵到伸缩缝里而彻底不漏水。这种方案工序多，所用人工也多，成本相对来说高一点。适用于没有排水条件的伸缩缝渗漏水。

2）引水与堵水结合的方式：这种方案以排水为主，以封堵为辅。将主要漏水通过排水措施引走，少量漏水采用刚柔结合的方式，将水密封到排水装置里面，伸缩缝任意变化沉降都不会漏水，而外观上看始终是干燥的，不影响美观，也不影响正常使用。这种方案的施工相对简单，成本也低，同样可以达到不漏水、不影响使用的效果。适用于有排水条件伸缩缝渗漏水的治理。

由于该伸缩缝位于两个车库之间，长度比较长，两侧有排水沟。我们采用排水与堵水相结合的方式进行处理。这样成本低，也不影响正常使用。具体工艺工法如下：

1）清理基层，将基层浮灰浮渣清理干净。

2）伸缩缝两侧涂刷 RDS 冗余防水卷材胶粘剂，粘贴伸缩缝冗余密封防水胶带。

3）安装导流槽，将水引走。

4）用金钟罩特种防水抗渗浆料与 YY36 特种耐候性防水涂料，将导流槽与混凝土基层的间隙密封。

5）根据需要，粘贴第二层伸缩缝冗余密封防水胶带。

这种方案可以保证伸缩缝任意上下或左右沉降而不漏水。

3. 地下车库混凝土顶板或侧墙片状渗水，背水面抗渗修复做法

1）对渗漏部位外延 50～100cm 范围削凿涂料、砂浆层，露出原混凝土基面，清洗干净。

2）大面积喷涂金钟罩特种防水抗渗浆料 2～3mm，保证基面大部分无渗漏。

3）12h 后复查，如局部仍然漏水，可采用 XS-16 闪凝浆料或 XS-13 特种莱卡树脂快速止水处理，再次喷涂金钟罩特种防水抗渗浆料 1～2 遍，达到 2mm 厚。

4）12h 后无漏水现象，涂刷冗余内防水浆料 2 遍。

4. 混凝土顶板或侧墙有裂缝或施工缝渗漏水加固堵漏做法

1）去除混凝土基层上的杂物及附着物，露出混凝土；如基层光滑，需要用角磨机将裂纹两侧基面打磨粗糙，并用水将基层冲洗干净。

2）如果二次浇筑混凝土施工缝漏水或者基层有裂纹而漏水，顺着裂纹方向用电镐开槽处理，宽度为 2～3cm，深度为 4～5cm。

3）在所开槽内均匀喷涂金钟罩特种防水抗渗浆料一道，保证大面积不漏水。

4）12h 后，如果没有漏点，可用金钟罩特种防水抗渗浆料或 XS-19 防水浆料将所开槽缝抹平。如槽内或基层出现个别渗漏点，用 XS-16 闪凝浆料或者 XS-16 特种莱卡树脂止水处理后，再抹平槽缝。

5）12h 后，用金钟罩特种防水抗渗浆料进行第二道喷涂。

6）在裂纹或施工缝开槽处涂刷裂纹渗漏一涂灵两遍，两遍之间粘贴聚酯布增强。

7）保湿养护 2 ～ 3d。

13.6.6　工程案例

10 多年来，我公司采用冗余内防水新材料新工艺处理河南、江苏、河北、广东、云南、黑龙江、内蒙古、北京、山西、吉林、四川、贵州等 10 多个省（市、区）有关重大重要工程渗漏水治理，取得良好效果。相关现场照片如图 13-81 所示。

1. 洛阳地下车库伸缩缝渗漏水治理

2. 南京地下车库伸缩缝渗漏水治理

3. 苏州地下车库伸缩缝漏水的治理

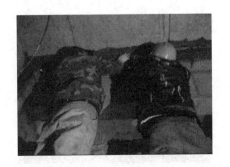

4. 南水北调穿黄工程伸缩缝渗漏的治理

5. 深圳地铁隧道伸缩缝漏水的治理

6. 云南美凯隆商场顶板漏水的治理

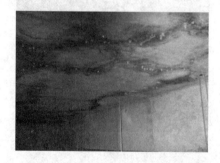 

7. 黑龙江大庆地下车库顶板渗水治理

8. 内蒙古呼伦贝尔地下车库渗漏水治理

9. 漯河穿墙套管渗漏水治理

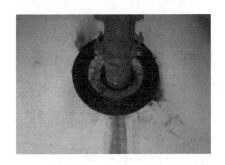 

10. 北京地下车库穿墙电缆及套管渗漏水治理

11. 山西运城地下车库渗漏水治理

12. 内蒙古通辽地下车库外墙钢筋根部渗漏水治理

13. 吉林地下车库底板大面积渗漏水治理

14. 内蒙古地下车库底板大面积渗漏水治理

15. 遵义地下车库底板爆裂，整体加固防水抗渗治理

16. 成都地下车库底板渗漏水治理

17. 商丘别墅地下室漏水治理工程

18. 信阳地下车库砖墙渗漏水治理工程

19. 河北万达地下车库注浆后漏水的治理

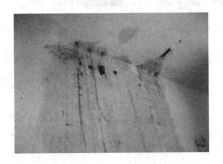

20. 山西吕梁车库注浆后渗漏水的治理

图 13-81　现场照片

13.7　别墅地下室防水防潮一定要找正规厂家 [①]

13.7.1　前言

别墅一般都是精致的美好家园，然而不少别墅地下室潮湿、渗水、发霉、滋生细菌，严重影响地下室的正常使用。有些地下室甚至渍水，荒废停用。以上情况如图13-82所示。很多用一般的常规防水材料，常规的堵漏方法进行维修，收效甚微。醴陵某别墅小区一户地下室浸漏，非专业人员维修操作，短暂时段不见明水，但几个月后一场大雨过后渗漏如故。业主便在地下室旁凿挖一个深于地下室底板30cm、φ60cm的明井，并安装一台排水泵抽水。这样做后，渗漏减轻了一些，但地下空间长期潮湿而不干燥。业主投入三四倍以上的定额资金，得到的还是一个不干燥的地下室。只能摆放一些不怕潮湿的东西，担心物品发霉变质。

图 13-82　地下室渗漏实况

通过行业调研，认识到别墅地下室渗漏治理是一项综合性的系统工程，也是社会急需破解的难题。在公司创始人左向华的率领下，经过10年的探索与努力，研发出独家秘

---

① 左一琪，杭州左工建材有限公司总经理。男，出生于安徽铜陵市，现任左工建材公司总经理。创建别墅地下室结构性防水防潮定制系统，引领防水防潮与渗漏修缮技术规程起草单位。左工品牌13年来零投诉。

方的新材料和创新工艺双管齐下，刚柔相济，因地制宜，为浙江、江苏、山东、广东、上海、四川、重庆等地上千个项目彻底解决别墅地下室渗漏、潮湿、发霉问题，并负责长期保修。

13.7.2　别墅地下室渗漏状况及危害

1）墙根渗水，长期不干燥，导致发霉、长菌，如图 13-83 所示。

图 13-83　墙根渗水

2）穿墙管（筒）根渗水，长期"流鼻涕"，导致墙面长菌、发霉。

3）柱根浸水，泛滥片湿一大块，如图 13-84 所示。

4）变形缝浸水，出现一大片湿渍，如图 13-85 所示。

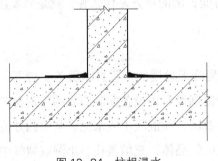

图 13-84　柱根浸水

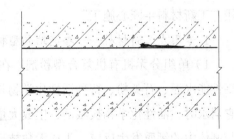

图 13-85　变形缝浸水

5）立墙线漏、点漏、片漏，让人担心"汪洋大海"。

6）地面点漏、线浸、面渗，使人感觉无安心之地。

7）顶部冷凝水掉落地面，行人安全受威胁。

8）地面局部积水。

9）出入斜道局部流水，影响进出人员与车辆的安全。

10）狭窄的地下空间出现异味，人感觉不舒适，甚至引发咳、吐。

13.7.3 别墅地下室渗漏原因剖析

1）内在原因：结构主体存在微孔小洞及裂纹裂隙，有人研究测出普通钢筋混凝土的孔隙率达 23%～40%，能通过水分子，在一定压力下，水分四处流窜。

2）地下立墙外侧围岩松散，在雨水作用下，部分水分穿过不密实的墙体而进入室内。有些围岩存在有一定压力的裂隙水，亦通过墙体缺陷处进入室内。

3）正常情况下，室内外存在温差。室外温度高于室内时，空气遇到室内冷端，便形成冷凝水掉落地面。

4）变形缝、后浇带当结构变形时，产生剪切应力；当温差存在时，发生脱缩应力。应力集中与叠加时，便导致基体发生裂缝。

5）出入斜道，在无顶棚条件下，高端截水措施不当时，低端贮排措施不力。两侧无排水明沟时，天然雨水自然流入室内。

6）大型地下室地下水带压上升，引起底板开裂、起鼓、浸水。

7）新建工程竣工 3～5 年内，自然存在徐变，徐变引发基体裂缝。

8）室内地面排水沟的位置、数量、长度、坡度设计不当，造成地面积水不能及时排出。

9）电梯井可说是地下室最低位置，应该内外都应做一级设防；否则，一旦渗漏则后患无穷。

13.7.4 渗漏霉变长菌治理良方

左工公司经 10 年磨炼，研究出治理渗漏霉变长菌的良方是什么呢？就是研发出"专用左工新材料＋匠心施工"。

1. 专用左工新材料——渗透结晶型材料

1）单组分无机有机复合型粉剂：在中科吴晓天教授的全程技术服务支持下，选用高性能水泥、石英粉、特种活性化学物与多种助剂经专用设备配制而成的粉剂材料。当它遇水时，活性化学物被激活，生成大量活性基团，在混凝土或水泥砂浆中四处流窜，与基体中的钙质发生反应，生成无数枝蔓状硅酸钙晶体，充填微孔、小洞或裂缝中，堵塞毛细孔，截断水分通道。无水时活性基团休眠，再遇水时，活性基团又被激活，再发生结晶，往复循环，长久起作用，与基体同寿命。该种材料可内掺于混凝土或砂浆中，也可抹涂、刷涂、刮涂。

2）双组分有机无机复合型浆料：A 组分为液料与部分助剂，B 组分为粉料与部分粉剂助剂。现场施工时，将 A、B 组分按规定比例混合，并掺适量清洁水调配成浆料，进行刷涂、刮涂、抹涂、辊涂。浆料中的活性基团逐步渗入基体，与基体中的钙起反应，生成硅酸钙晶体，截断水的通道，与基体同寿命。

3）渗透液：含多种化合物的液体，可以喷涂于基体，与基体中的碱性化合物生成微晶，长久堵塞水分通道。

4）韧性防水砂浆：在 1：2 的水泥砂浆中掺混适量的高分子乳液或高分子胶粉，经专用设备配制而成的韧性砂浆，具有粘接力强、密实性好、耐水性优的特性，可做抗裂找平砂浆，也可独立做防水堵漏层。

5）抗菌防霉剂、透气剂：这些材料掺量虽少，但可杀菌抗霉或起呼吸作用。

以上主要产品是我公司的核心材料，分别获得国家发明专利或实用新型专利。

2. 匠心施工技术

1）上岗人员均需要经过专业培训，掌握专业知识与技能。

2）严格按国家规范规程的规定与设计要求，认真操作，精心施工。

3）施工中，严格执行"自检—互检—专检"相结合的三检制度，确保施工质量。

3. 严格质控

1）主要产品复验合格，工人持证上岗，专业化作业。

2）关键部位施工，质量管理员旁站作业，严防偷工减料，严禁马虎作业。隐蔽工程逐项验收，并拍照备查。

3）一项工程竣工与整体工程竣工，分别邀请业主、设计人员、质监部门与相关人员进行现场验收和评判。

4）根据工程特点打造个性化方案，有的放矢，从实际出发。因地因事制宜，既好又快地干好每一项工程，节能、环保、优质、高效地完成业主交给我公司的任务。

13.7.5　结语

我们经过 10 年打磨，开发出左工治漏新材料＋匠心施工，从实际出发，摸索出个性化综合治漏的新路，破解了地下工程渗漏抗霉防菌的难题，可供同仁参考。

13.8　大坝裂缝缺陷堵漏加固施工技术探讨 [①]

13.8.1　前言

我国既有的水库大坝大多是 20 世纪 60～70 年代建成的，由于当时的社会条件、经

---

① 赵文涛，混凝土泰无漏（河南）特种工程有限公司，新乡市，453000。男，高级工程师，现任中科信达建工集团有限公司副总经理，混凝土泰无漏（河南）特种工程有限公司总经理，总工程师。2001 年至今一直从事水利大坝除险加固，喀斯特地貌水库渗漏水整治，高铁隧道既有线渗漏水整治维修，高速公路桥梁隧道加固抢修施工，矿井堵漏，地下车库人防工程渗漏水加固堵漏，化工行业带压带温堵漏等方面研究 19 年，各个工程施工获得了建设单位的一致好评。获实用新型专利 6 项。多次参加行业技术交流活动，被评为"中国建筑工程堵漏修缮专家"。

济条件、施工技术及标准等方面的不足，使得工程的质量、功能和使用寿命都比较低。已有数十年历史的库区坝体已逐步发生破损、开裂或塌陷等现象，对库区坝体的安全构成了极大的威胁。为此，有必要对其进行除险加固。在堤坝除险加固工程中，对堤坝裂缝进行封堵和加固，是防渗工程中较为关键的一环。这里通过对坝体裂缝缺陷的封堵和加固工艺的实践，对坝体裂缝治理的有关技术进行了验证，为今后坝体裂缝治理提供了借鉴。

最近几年，伴随着我国经济的迅速发展和对基础设施建设的不断强化，水利工程得到了较大的发展；同时，还开始了大量的新建水库工程。在水库工程中，由于自然、技术、施工等因素的作用，导致了水库坝体出现开裂现象，从而对其安全、稳定运行造成了很大的威胁。因此，有必要对水库大坝的裂缝原因进行分析，然后对其进行除险加固，从而达到延长其使用寿命的目的。这对于进一步推进水利工程的发展，有着重要的现实意义。

13.8.2　水库面临的风险隐患

目前，水库存在着三个方面的风险：第一，水库加固技术的工艺过程比较复杂，需要尽量综合考虑所有的影响因素。如果这个过程中出现了一些问题，就会给后续的使用带来很大的安全隐患。其次，水库除险加固均为在地下进行，很多地表技术难以应用，极大地影响了现有技术的效果与质量。最后，因为一些施工人员的职业素质不高，导致在工作过程中存在着很多错误操作，从而极大地影响了水库的安全。所以，要解决水库所面对的问题，就必须从提高施工人员的职业素质入手。

13.8.3　水库加固施工处理原则

1. 专项性

要想进行水库除险加固，必须要对其施工环境进行全面的调查，对其周边情况有一个准确的了解，再根据施工进度和施工目的，有针对性地制定出一套水库除险加固的施工方案。唯有如此，才能将除险施工技术与除险施工目的相结合，保证整个施工过程的安全、可靠，提高除险加固的施工工艺的品质，提高水库运行的可靠性。

2. 抗害性

水利建设过程中，往往存在着各种各样的灾害，若不及时消除，任由其发展，则极有可能产生灾害。所以，为了提高水库的防灾能力，在工程建设上也必须以防灾减灾为基本原则。在开展水库的建设过程中，有关工作人员要事先做好安全防护的准备工作，并与当地的地理位置和施工环境相结合，对合适的材料进行合理的选择，并制定出相应的施工方案，以求最大限度地提高水库抵御灾害的能力。

3. 稳定性

水库的主要功能，就是截留一定数量的雨水，储存在小面积的水库里，用来发电与灌溉。然而，在恶劣的天气和突发的状况下，水库的稳定性会大幅度下降，处理不好将会带来一系列的危险。因此，施工时，工作人员要不断地进行创新，力求最大限度地提高水库的稳定性，采用更合适的除险加固技术，为水库的正常运行奠定一个良好的基础。

13.8.4　水库大坝裂缝的成因分析

1. 设计及施工原因造成的裂缝

在水库坝体的设计中，为达到相应的外形要求，往往会出现大量的凸起。而这类凸起极易引起应力集中，也就更易出现裂缝。此外，在水坝建设中，由于混凝土配合比的不当，将对其抗拉强度产生较大影响，从而导致了水坝混凝土的开裂。在混凝土施工结束后，要对其进行一定的养护，这是保证混凝土能够正常硬化的前提。因此，养护条件的优劣将会对出现裂缝的概率有很大影响。

另外，在大坝混凝土施工过程中，如果振捣不均匀、漏振、过振等问题，也会引起混凝土离析，导致整体强度降低，甚至出现裂缝。

2. 混凝土钢筋锈蚀所引发的裂缝

用于水坝的钢筋一旦被侵蚀，就会产生锈蚀。锈蚀的数量越多，外面的混凝土就会被挤压，从而产生与径向膨胀力相垂直的拉应力。当拉应力升高时，混凝土的承载力就会降低；当拉应力超过其承载力时，很可能会产生纵向裂缝。

3. 水工混凝土变形引起的裂缝

在外界温度作用下，没有约束的条件下会产生膨胀。当膨胀被外界力所制约时，会在混凝土中产生一个温度的应力。如果这个应力超过了一定的限度，就会产生裂缝。如果混凝土出现了收缩，在外界约束下就会产生拉应力和拉应变，超过了混凝土的容许数值就会产生裂缝。此外，由于水库的钢筋混凝土的容量很大，所用的水工混凝土拥有很大的比热容值。当外界的空气温度和湿度发生了很大的变化时，就很可能会引起混凝土坝体的收缩裂缝。在最恶劣的条件下，一些坝体的混凝土会在施工过程中产生裂缝。

4. 外部荷载所产生的水工混凝土裂缝

当水工混凝土受外力作用时，其裂缝很可能会出现。当坝体构件承受集中或均匀荷载时，其内部将会出现弯矩。当其拉伸应力超过其极限时，其裂缝很可能会与其纵向轴线相垂直。当受外力作用而产生的剪切应力与纵向轴线成45°角时，极易产生倾斜裂缝，并沿此方向继续扩展。此外，当库区坝基出现非均匀沉降时，坝体将因强迫变形而引起坝体开裂，且裂缝将随沉降的增加而扩展。

13.8.5　水库大坝裂缝除险加固处理措施

1. 用低温低热混凝土进行施工

混凝土建造过程中，所生成的热量是混凝土的一个主要成分。如果可以将其生成的热量进行有效散发，则可以大幅度地减少混凝土的蓄热和温升。在具体使用中，更多地是通过对材料进行合理选用，从而来减少混凝土的发热量。通常，可以使用低热水泥、低水泥量、掺混合材、外加剂以及大骨料等，这是对水库大坝混凝土进行有效控制的一个主要方法。比如，在夏天等高温条件下进行混凝土的浇筑时，其气温会接近30℃。如果通过加入预冷材料，使浇筑的气温下降10℃，则可以使混凝土的内部和外部的温差减少20℃左右，从而极大地减少了混凝土的开裂概率。

2. 裂缝灌浆化学处理

1）为达到较好的堵缝效果，必须对裂隙采用化学注浆法进行修补，才能彻底消除渗流。在进行软基处理后，应进一步加强对裂缝和伸缩缝周围的封闭，采用斜孔的化学注浆等方法，防止出现绕渗现象。具体操作中，首先要在坝体上布设倾斜孔洞，并根据坝体开裂的特点，采取适当的绕渗措施。当与溢流面接触时，应在裂隙两边布孔注浆，并在中部桥墩与裂隙接触部位布孔注浆。

2）钻孔结束后，必须将钻孔清理干净，然后进行注浆。注浆完毕后，用密封件将注浆孔封死，以确保注浆孔的密封性。

3）用压力试验来检查裂隙的张开和闭合，判断裂隙中有没有连通。并根据裂隙的张开程度来确定灌浆压力和供浆量，防止浆液的损失。在进行裂缝注浆测试前，必须对裂缝的密封状况进行认真检测，并着重对渗漏点的检测和修复，确保裂面具有良好的密封性。

13.8.6 结语

目前，国内多数水库已建成多年，但其结构形式陈旧、防护能力不强，裂缝、渗漏和崩塌等现象时有发生。针对以上问题，进行应急加固时，首先要对水库进行实地考察，通过技术数据和病险问题的分析，确定大坝、溢洪道、涵洞等部位的防渗加固重点。与此同时，也要对抢险加固的技术进行科学选择，根据安全等级、质量标准和经济效益等方面的要求，制定出最优的施工方案，将水库的抢险加固效果发挥到最大，从而从根本上提高水库的运行和管理质量。

13.9 四川射洪打鼓滩水电站机房渗漏水治理 ①

13.9.1 工程概况

射洪打鼓滩电航工程位于四川射洪县城区，地处射洪县涪江三桥下游1.0km处，是

---

① 陈仕伟，四川世康达土木工程技术有限公司，成都市，610000。男，出生于四川。高级工程师，现任四川世康达土木工程技术有限公司总经理。擅长防水堵漏、补强加固。已完成70多项桥梁、隧道工程缺陷修补。联系地址：成都市成华区建材路39号。

以发电、航运为主，兼有下游水域生态环境用水和美化射洪县城区环境作用，为涪江干流梯级开发第九级，属河床式发电站。水库正常蓄水位 EL324.40m，正常蓄水时的库容量为 1560 万 m³。工程主要建（构）筑物有拦河坝、发电厂房，最大坝高 24.6m，闸顶高程 EL333.60m，坝顶轴线长 368.86m。左、右岸与县城防堤相接。主厂房采用坝后式，电站装机三台，总容量 31.5m³。

该电站机房在运营中，出现大面积墙体渗透水的现象。水位越高，越严重；主要表面形式有：水从点处喷射出去，墙面大量"线"渗漏，局部"面"渗漏。

13.9.2　渗漏原因分析

该机房在施工时由于采用了不同厂家的商品混凝土浇筑，加上浇筑时捣固不均匀、不密实，致使部分墙内出现大量空洞、不密实等病害。该病害已对正在运营的机房及一些设备产生了严重影响。

涪江流域水资源丰富，墙体长期承受高水压，导致墙体大面积渗漏。

13.9.3　渗漏整治方案

根据现场实际工况，剔槽扩洞，嵌填环保型渗透堵漏材料与灌注环保型浆料，并采用面层增强的综合治理方案。

优选治漏材料：我国现有治漏材料多种多样，通过性价比优劣与耐久性好坏的比对，本工程主打材料选用 XYPEX（赛柏斯）系列产品，主要采用 XYPEX（赛柏斯）堵漏剂与 XYPEX（赛柏斯）浓缩剂。

1）XYPEX（赛柏斯）堵漏剂：是一种渗透结晶型、不收缩、高粘接强度的水泥混合物。掺入混凝土、水泥砂浆中或涂刷于表面，较快地渗透结晶，阻断水流、封闭裂缝、堵塞漏洞和修补混凝土的其他缺陷。

2）XYPEX（赛柏斯）浓缩剂：是化学活性最强的一种浅灰色干粉状材料，既可用于洁净、潮湿的混凝土表面干撒施工，又能加水调和成浆状涂料，涂刷在混凝土修补面上，具有防渗、防潮、补强特效；还可将它调成半干状料团，用于结构连接处堵漏，裂口、缺陷和蜂窝、麻面状的结构修补。

3）XYPEX（赛柏斯）的组成与治漏机理：XYPEX（赛柏斯）是灰色粉末状无机材料，由波特兰水泥、硅砂、石英砂和多种特殊的活性化学物质组成。其工作原理是：将各种防水材料按照设计配合比调成灰浆，均匀地涂刷在经过处理的混凝土基面上，XYPEX 特有的活性化学物质，利用水泥混凝土本身固有的多孔性，以水为载体，借助渗透作用，在混凝土微孔及毛细管中传输、扩散、充盈，催化混凝土内的微粒和未完全水化的成分再次发生水化作用，形成枝蔓状结晶并与混凝土结合成整体，从而使任何方向来的水及其他液体都被堵塞和封闭，达到永久性的防水、防潮、保护钢筋、增强混凝土结构密实性的效果，从而提高混凝土的强度和耐久性。XYPEX 系列修补材料有独特的自我修复功能，有良好的抗渗能力，与混凝土结构结合紧密，凝固后不产生收缩裂纹。

13.9.4 渗漏整治工艺工法

1. 点漏治理

单点渗漏，采用对剔槽扩洞封堵，具体工法如图 13-86 所示。

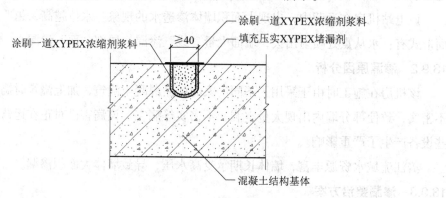

涂刷一道XYPEX浓缩剂浆料 ≥40
涂刷一道XYPEX浓缩剂浆料
填充压实XYPEX堵漏剂
混凝土结构基体

图 13-86　点漏治理示意图

1）开槽：槽宽不小于 4cm，槽深不小于 6cm；

2）清洗：清理清洗干净；

3）在槽内涂刷一遍 XYPEX 浓缩剂（5：2）浆料，然后填充 XYPEX 堵漏剂（半干团），压实，再涂刷一道 XYPEX 浓缩剂（5：2）浆料；

4）初凝后洒水湿养 3d 以上。

2. 线漏治理

采用开 U 形槽，埋管，堵、排相结合的方式，具体工法如图 13-87 所示。

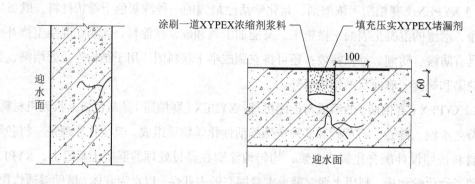

涂刷一道XYPEX浓缩剂浆料　填充压实XYPEX堵漏剂
迎水面
100
60
迎水面

图 13-87　裂缝修补示意图

1）寻找线渗漏处，沿渗漏严重部位开 U 形主槽（宽 10cm、深 5cm），长度延伸到墙底排水沟；

2）再对周围渗漏水处开 U 形支槽（宽 6cm、深 4cm），与主槽相连接，所有支槽应高于接水口，便于引水排向主槽；

3）将准备好的 φ8cm 和 φ4cm 的 PVC 管用专用工具切成两半；

4）将半圆 PVC 管根据实际长度及大小分别镶入主槽（φ8cm）和支槽（φ4cm）中并固定；

5）在槽周围涂刷 XYPEX 浓缩剂（5：2）浆料；

6）将 XYPEX 浓缩剂（6：1）半干团料，填埋在已切好的 PVC 管两侧并压实；

7）再涂刷一遍 XYPEX 浓缩剂（5：2）浆料；

8）初凝后洒水养护 3d 以上。

3. 面漏治理

特征：混凝土空洞较多，无集中水源，但局部大面积湿润或有细小水珠，采用直接涂抹 XYPEX 浓缩剂（5：2）浆料并压注聚氨酯浆料。衬砌混凝土渗漏治理如图 13-88 所示。

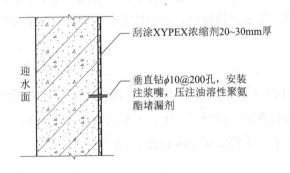

图 13-88　衬砌混凝土渗漏治理示意图

1）基面处理，将基面用电镐、角磨机凿深 2～3cm；

2）在渗水较多的地方打孔并压注聚氨酯浆料，以填补混凝土内空洞；

3）采用 XYPEX 堵漏剂，调成腻子状将凿除面抹平，厚度 2～3cm；

4）涂刷 XYPEX 浓缩剂 5：2 浆料；

5）初凝后洒水养护 3d 以上。

4. 施工操作要点

1）待修补的混凝土基面应当修凿平整毛糙，清理杂物，用高压水冲洗接触面，以便提供充分开放的毛细孔隙，利于修补材料渗透，与原有混凝土基面紧密结合。

2）线渗漏人工凿槽应随裂缝的走向，不要刻意裁弯取直。加强对开槽深度和宽度的检查，以免局部遗漏修补。

3）由于 XYPEX（赛柏斯）在混凝土中结晶形成过程的前提条件是需要湿润，在修补材料涂刷前，必须用水均匀浇湿浸透混凝土作业面，以便加强表面的虹吸作用。

4）采用 XYPEX（赛柏斯）堵漏剂施工时，应将坑槽充分填充挤压密实，才能达到最佳修补效果。

5）由于本次渗漏水整治施工为高空作业，应高度重视操作平台的安全搭建，以及每道工序的施工质量和操作人员的安全。施工人员必须穿戴好安全防护用品（包括安全绳、安全帽、防护眼镜等）。

6）修补完成后应对修补部位采取定时、多次喷洒雾化水养护，持续养护 3d 以上，避免修补面出现干缩龟裂。

7）对已完成整治的部位需要继续观察，必要时多次完善修补。

13.9.5 施工管理

整治施工前，对整个墙面的渗漏情况进行全面查看、分析、分类标记，确定好整治方案，先易后难，材料、工具、耗材准备齐全，尽量减少停工待料，加快施工进度。由于是高空作业，安全工作要严格执行，安全带要双扣型的，脚手架的搭设和维护严格按照安全标准执行。

13.9.6 结语

该工程采用 XYPEX（赛柏斯）系列材料，用排、堵与注浆相结合的综合方案，对机房的渗漏水病害进行整治，达到了不渗、不漏的效果，受到业主与有关方面的点赞，可供同仁参考。多年来，主要工程业绩如表 13-3 所示。

近几年主要工程业绩表 表 13-3

序号	项目名称	工作内容
1	雷崇高速公路 C9 合同段河耳沟特大桥	植筋、灌缝、粘贴碳纤维布、部分梁体修补
2	达成铁路线南蓬大桥	灌缝、粘贴碳纤维布
3	重庆三万铁路线 K3+171 蒲河 1 号桥	粘贴碳纤维布、部分梁体修补
4	四川西昌锦屏东桥桥面裂纹整治	裂缝开槽、修补
5	都汶二级路草坡隧道、桃关隧道路面整治工程	开槽、"壁可法"灌缝
6	四川新都北新大道毗河大桥	采用 XYPEX 浓缩剂
7	四川熊猫基地	采用 XYPEX 浓缩剂
8	成都市北新大道毗河大桥	采用 XYPEX 浓缩剂
9	重庆渝北空港大道桥面防水工程	采用 XYPEX 浓缩剂

续表

序号	项目名称	工作内容
10	四川金堂电厂二期安置房	XYPEX 浓缩剂、XYPEX 增效剂
11	中铁大桥局集团随岳中高速公路 11 标岳口汉江大桥	植筋、裂缝修补、粘贴钢板等
12	达县翠屏山综合开发项目一期工程—滨河广场维修加固	"壁可法"灌缝、粘贴碳纤维布
13	达成线云顶山隧道	修补、植筋、灌缝
14	成都市明信·世纪金沙二期 5 号～9 号楼震后修复工程	裂缝封闭、粘贴碳纤维布
15	广东省恩平市河口大桥维修加固	灌缝、植筋、修补、浇筑混凝土
16	成都恒大城景观特色亭圆柱、综合楼会所屋面穹顶下圆柱补强加固	裂缝封闭、粘贴碳纤维布
17	湖北随岳中高速公路岳口汉江二桥	植筋、灌缝、粘贴钢板
18	四川石化大厦	新增梁、柱、植筋、粘贴碳纤维布
19	达成线炮台山隧道	修补、植筋、灌缝
20	德阳"凯旋国际"地下室	裂纹处理
21	云南蒙新高速第 11 标段 K46+448.9 特大桥维修加固	裂缝修补、灌浆、植筋、粘贴碳纤维布
22	达成铁路新建双线	聚丙烯纤维、双组分聚硫密封胶
23	四川石化基地	XYPEX 浓缩剂、XYPEX 掺合剂
24	四川省广安市滨江大桥	QMSS-007
25	达成铁路清泉隧道	XYPEX 堵漏剂、XYPEX 浓缩剂等
26	达成铁路界牌隧道	XYPEX 堵漏剂、XYPEX 浓缩剂等
27	达成铁路凉富湾隧道	XYPEX 堵漏剂、XYPEX 浓缩剂等
28	重庆鹏润·蓝海 B 区地下室顶板局部梁加固工程	灌注自流平高强灌浆料、植筋、粘贴碳纤维布
29	襄渝线白马山隧道	修补、植筋、灌缝
30	四川新津多晶硅二级换热器基础加固	基础扩建、修补
31	遂渝线 13.147km 无砟轨道病害整治	灌胶、修补
32	黄井线 5.353km 无砟轨道病害整治	灌胶、修补
33	四川西昌小金河大桥	XYPEX 浓缩剂
34	四川省万源市世纪新城人民电影院	堵漏、修补
35	成渝线 K91+495/+690 整体道床枕木承台块整治	灌胶、修补
36	襄渝线轨道板轨枕整治工程	灌胶、修补
37	射洪县打鼓滩电航工程发电厂房	开槽、修补、堵漏

序号	项目名称	工作内容
38	成灌高铁轨道板病害整治	灌缝、修补、复新处理
39	郑西线轨道板病害整治	灌缝、修补
40	四川龙泉成渝高速跨线桥	QMSS-007
41	G213 线松潘县松潘桥加固维修工程	SKD805 粘贴钢板、SKD806 植筋、灌缝、修补等
42	成都市河心村大桥维修	XYPEX 浓缩剂、XYPEX 增效剂
43	四川眉山太和大桥	FS008
44	四川海汇药业有限公司土建一标段	XYPEX 浓缩剂、XYPEX 增效剂
45	2015 重庆南商新天地	XYPEX 浓缩剂
46	国道 G108 线会理县鱼鲊金沙江大桥	QMSS-007
47	大渡河长河坝水电站项目主变室	XYPEX 浓缩剂、XYPEX 增效剂
48	四川省甘孜州雅江县两河口水电站	XYPEX 浓缩剂、XYPEX 增效剂
49	贵州镇远文化园	XYPEX 浓缩剂、1.5mm 厚聚氯乙烯 PVC 防水卷材
50	简阳市城区第二水厂建设项目	XYPEX 浓缩剂
51	四川万源翡翠江畔地下室渗漏水整治	XYPEX 浓缩剂
52	眉山金龙小区渗流整治	XYPEX 浓缩剂
53	都江堰国光纳帕谷渗漏整治	XYPEX 浓缩剂
54	眉山市城市给水三期净水厂工程	XYPEX 浓缩剂
55	四川省南江广旺矿区（南江煤矿）	XYPEX 浓缩剂、粘贴碳纤维布
56	四川都江堰"国光．纳帕谷"项目	XYPEX 浓缩剂、XYPEX 堵漏剂、XYPEX 掺合剂
57	四川华润置地自在域大厦项目	XYPEX 浓缩剂
58	营山县饮用水源工程	XYPEX 浓缩剂、增效剂防水防腐施工
59	重庆西站铁路综合交通枢纽工程	XYPEX 浓缩剂
60	四川广播电视塔影视文化广场（C 座）地下室防水工程	XYPEX 浓缩剂、增效剂
61	成都北站轨道加固	SKD 粘钢胶、植筋胶
62	达成线隧道隐患整治	SKD 系列产品
63	置城锦尚府项目	XYPEX 浓缩剂
64	西河污水处理厂	XYPEX 浓缩剂、增效剂
65	成都七中万达学校综合改造包钢加固项目	SKD 粘钢胶、SKD 修补胶
66	大渡河沙坪一级水电站左岸成昆铁路受影响段防护处理工程（梁片加固）	XYPEX 浓缩剂、SKD 系列产品、碳纤维布

13.10　广州地铁 18 号线磨碟沙站道床渗漏整治方案 [①]

13.10.1　工程概述

琶洲西区站车站有效站台中心里程为 YDK54+985.800，设计起讫里程为 YDK54+766.300～YDK55+205.300。车站为地下三层三跨带越行线的四线岛式站台车站，总长度（含主体结构）为 439.0m，标准段宽度（含主体结构）为 34.1m。车站采用明挖顺做法施工，车站主体基坑开挖深度为 28.87～30.70m，采用 1000mm 厚的连续墙。地势北高南低，所处地层主要为淤泥质粉细砂、粉细砂、中粗砂、泥质粉砂岩，底板位于中微风化泥质粉砂岩中。

地铁隧道道床是轨道的重要组成部分，是轨道框架的基础。主要作用是支撑轨枕，把轨枕上部的巨大压力均匀地传递给路基面，固定轨枕的位置，减少路基变形并缓和机车对钢轨的冲击。地铁隧道道床是在底板上部整体浇筑混凝土而成的道床。

现因 18 号线磨碟沙站范围内多处道床侧水沟翻浆冒泥（图 13-89），初步判断为个别现浇底板薄弱处经过长时间地铁隧道运营产生裂缝，外部水因压力作用进入底板，在列车振动荷载的长期作用下，导致底板与道床剥离，形成空隙。外部水从空隙往道床面及较薄弱的水沟侧渗出，如任其发展，随着运营时间增长裂缝逐步扩展，导致道床与底板进一步剥离，影响列车的运行安全。

针对广州地铁 18 号线磨碟沙站道床漏水、翻浆冒泥等情况制定整修措施，确保道床稳定及地铁的运营安全。

图 13-89　道床倒水沟渗漏实景图

① 宋洪恩，广东盈天建筑工程有限公司负责人，广州市，510000。

13.10.2 施工顺序

1）下行北端→下行头端→上行北端→上行头端→车站中部。

2）经现场情况比较，下行北端（K55+100～K55+200）范围翻浆冒泥较为严重，优先施工，其他区域按顺序进行。

13.10.3 施工工艺流程

施工工艺流程如图 13-90 所示。

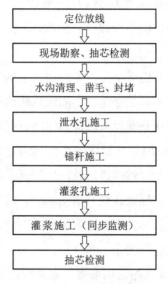

图 13-90 施工工艺流程图

13.10.4 施工工法

1. 定位放线

现场观察确定渗水范围，在一端渗水范围外 1m 处设置首排注浆孔；然后，按要求往从一端布设，在另一端渗水范围外 1m 处设置末端孔位，现场孔位采用喷漆标记在地面。

2. 现场勘察

（1）在渗水范围采用抽芯钻在已标记泄水孔位处进行抽芯检测，孔径 32mm，孔深至底板结构，检测完成后做泄水孔。

（2）采用内窥镜检查道床与底板剥离情况，结合甲方提供现场图纸判断。若剥离高度大于 5mm，则先采用水泥注浆，后采用高渗透改性环氧树脂注浆；若小于 5mm，则采用高渗透型改性环氧树脂注浆，注浆需要确保密实。

3. 水沟处理

道床剥离形成的缝隙影响道床注浆加固效果，加固前需要对道床两侧水沟剥离缝隙进行封闭处理，工序如下：

（1）根据现场定出水沟处理范围，清理水沟内杂物、浮浆。

（2）沿道床两侧水沟剥离缝隙进行开槽；用铲刀、刷子对凿开部位进行清理；

（3）采用水冲洗凿开部位，进行二次清理；

（4）使用早强微膨胀水泥对凿开部位进行封闭，要求压贴紧密。

4. 泄水孔施工

（1）在两侧延水沟方向交错设置泄水孔，孔距 4800mm。

（2）采用水钻开孔，孔径 32mm，孔深至底板结构。

（3）孔内埋设直径 28mm 镀锌水管，快干水泥封堵孔口侧壁缝隙，镀锌水管安装开关阀门。

5. 锚杆施工

（1）锚杆孔设置在道床轨枕之间，每排 2 个，排间距 2400mm。

（2）采用水钻进行开孔，孔面先开直径约为 50mm、深度 10mm 的孔放置锚固螺母，锚杆孔径 32mm，孔深至底板 150 ～ 200mm。

（3）钻孔完成后采用高压水枪及吸尘设备对孔内进行清洗。

（4）通过长管注浆嘴将型号为 HIT-RE500-V3 的锚固胶粘剂注入锚杆孔中，从下往上填充。

（5）放置膨胀锚杆锚固（图 13-91）。

图 13-91　锚杆示意图

（6）环氧砂浆抹平道床面。

6. 灌浆孔施工

（1）注浆孔按 2/1 梅花间隔布置，两侧水沟各 1 个，孔位距 1200mm，道床中部设置 1 个，孔位间距 2400mm。开孔前，先探孔。注浆孔采用手持冲击钻进行开孔，孔径约 14mm，孔深至底板结构。孔位布置如图 13-92 所示。

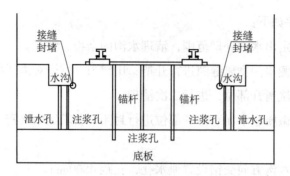

（a）孔位截面图

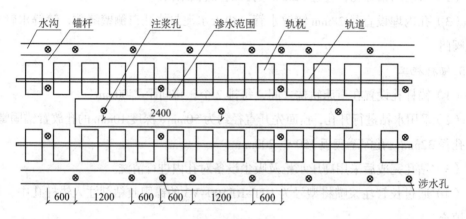

（b）孔位平面布置图

图 13-92　注浆孔布置示意图

（2）钻完孔后，采用高压水枪对灌浆孔及剥离层进行清理，清除剥离层内浮浆碎渣（注浆同理），然后埋设注浆嘴。

7. 注浆施工

（1）根据地势走向，从低至高依次进行水泥注浆，水灰比 d=1∶1、0.8∶1、0.6∶1，水泥浆凝结时间控制在 1h 左右。注浆压力 0.2 ～ 0.6MPa，达到注浆压力后恒压 5min。

（2）若水泥浆无法注入则改为高渗透改性环氧树脂浆液，化学注浆压力 ≤ 0.5MPa。

（3）如出现串浆、冒浆，应对串浆、冒浆部位进行水泥注浆后再使用高渗透改性环氧树脂注浆，泄水孔溢浆后及时关闭阀门，以确保注浆效果。

（4）注浆完成后切断注浆嘴及泄水孔镀锌钢管，采用高渗透改性环氧砂浆抹平道床面。

（5）水泥注浆完毕，应对注浆效果进行复查，对注浆效果不佳位置进行二次注浆，注浆采用高渗透改性环氧树脂浆液，注浆压力 ≤ 0.6MPa。

（6）二次注浆时如发现压力未能达到要求或进浆量突变增大应停止化学注浆，重新进行水泥注浆。

（7）所有注浆孔均需要进行二次或多次重复注浆，使浆液最大限度地对剥离缝隙进行充填固结。

8. 施工效果抽芯检测

道床整治作业结束后，在中心位置按 5m 一个孔进行抽芯以检查注浆加固效果，孔径 32mm，孔深至底板结构。

13.10.5　监测方案

联合甲方共同确认轨道现状。

1）基准点的布置：在施工区域两端不受施工影响的道床上各取 1 个基准点。

2）工作点的布置：对应基准点将 10～12cm 长钢筋头埋入隧道侧墙，钢筋头露出 1～2cm，以此作为工作点。工作点记为：A_1。

3）监测点的布置：从首个注浆孔开始，间隔一个注浆孔选取一个监测位置，在同侧钢轨上画标，监测点记为：B_1、B_2、B_3……B_m。

4）监测工作分注浆前、注浆中和注浆后三个过程进行。注浆前监测时，监测人员在该段的中点位置调试水准仪完毕后，将水准尺设立在该段的基准点上进行监测，将读数 J_1 记下；接着将水准尺设立在该段第一个监测点所对应的道床上进行监测，将读数 G_1 记下；J_1-G_1 即为两点的高差。按上述步骤对段内剩余监测点进行监测读数并进行计算，可以得出基准点与所有监测点之间的高差。

5）注浆施工和持压过程中持续监测，若发现道床抬升超过 1.5mm，应立即泄压并调整注浆压力，重新注浆。

6）道床加固注浆过程严格对注浆机械压力表进行监控。

7）监测仪器：水准仪及水准尺。

8）为保证工作点的可靠性，每次观测前应对基准点进行检测，并做出分析判断，以保证观测成果的可靠性。

13.11　如何治理片岩之上的"汪洋大海"[①]

13.11.1　工程概况

湖北十堰市某地产项目治理渗漏水前的状况：项目位于张湾区发展大道，整个项目

---

① 李国强，西安宝恒乐通建设工程有限公司，西安市，710000。

占地 155 亩，总建筑面积 330567m²。其中，地下室建筑面积 72520m²。项目一期多栋楼宇是在原生态的片岩上直接去建造的，而且四面环山，项目处在一个低洼地带，在设计阶段没有充分考虑到岩石裂隙水对地下室防水的影响程度，只是在平整片岩之上做了 5cm 厚的 C25 普通混凝土垫层，在地下室施工出了正负零以后，就逐步显现出了隐患，整个地下室一遇到下雨天气，大量从四周山体排出的雨水顺着岩石裂缝进入地下室地基，造成地下室底板出现大量的涌水淹没地下室，致使所建的几栋楼的地下室被雨水长期浸泡。雨越大，地下室的积水就越多。有时，积水多到整个地下室的集水坑用排水泵都排

图 13-93 治理前地下室状况图

不净室外正在下的雨水，给整个楼宇造成了一定的安全隐患，如何根治一期楼宇地下室的渗漏水，消除隐患，给广大业主一个放心、安全的地下室停车场？这是摆在该总包项目部、开发商及设计院面前的一道难题。此题一日不解，项目部管理人员就头疼一天，尤其是临近交房的雨季，让项目部负责人夜不能寐。工程渗漏状况如图 13-93 所示。

13.11.2 治理方案

十堰此地产项目渗漏水治理方案：采用防排结合、综合治理原则，做到"一清二涂三加"。具体到排的层面，就是让室内外水路畅通无阻。

在防的思路上，必须做到"一清二涂三加"。一清指的就是对已有的地下室 5cm 普通混凝土垫层进行清理打磨，除去基层表面浮灰，对可见的漏点采用德国原装进口的 Vandex PLUG 水泥基渗透结晶型快速堵漏剂进行封堵；二涂指的就是在其清理完毕的表面涂刷水泥基渗透结晶型防水涂料 VANDEX SUPER，涂刷用量 1.2kg/m²；三加指的就是在整个地面浇筑 15cm 厚的 C30P6 防水混凝土，内掺水泥基渗透结晶型防水添加剂 VANDEX AM10（添加用量 3.5kg/m³）。

在排的思路上必须做到两个通畅无阻。第一个畅通无阻就是在整座地下室根据现有长期遭水浸泡的积水情况，布局合理的明水沟和集水坑，使其交付使用后的地下停车场即使遇到意外的积水也可以及时的排走，不至于像以往一样积水埋过脚踝更有甚者接近膝盖骨；第二个畅通无阻就是让整座地下室的室外雨水管网和市政管网无缝衔接，确保室外雨水在下雨天能够及时排向市政管网流走，不至于有过多的雨水渗漏到地下室，使地下室陷于以往的窘境。问题的存在就是工作的动力，从各方了解市场，寻求解决良策，试图以最少的代价解决渗漏水的难题。

13.11.3　治理效果

建设单位和设计院几经周折，通过大量的市场考察、方案论证、现场样板区试验验证、防水材料功能测试等措施，在国内多家防水维修企业中筛选。终于，功夫不负有心人，建设单位、设计院、总包一致认可西安宝恒乐通建设工程有限公司提交的治理方案，最终在公司的精心施工下，让这常年遭到雨水浸泡的地下室一改容颜，给大家呈现了一个满意的防水答卷。现已做到防水治理后的日常状态良好，如图 13-94 所示。

图 13-94　治理后日常状态

13.12　碾压混凝土大坝渗水处理技术应用 [①]

13.12.1　前言

目前，在大坝的实际工程建设中，碾压混凝土施工技术是一种常见的施工技术，与普通混凝土施工相比，碾压混凝土可以达到更好的防渗效果，而且混凝土自身的强度也很大。为了使碾压混凝土的优越性能得到最大程度的发挥，必须在实际工作中对碾压混凝土的施工工艺进行深入的研究，这样才能保证整个水利工程的施工质量。

13.12.2　碾压混凝土渗水原因分析

1. 层间（界面）缝渗水

对层间结合缝的处理没有做好。大部分工程只采取了一般的施工方法，如深钻、抹灰等，造成了层与层之间的粘接不紧。施工过程中，灰浆铺设不到位，碾压不密实，热升层间歇期太长。

2. 施工缝渗水

在已停止建设的旧混凝土以及已开工后新浇混凝土的连接处，结构缝的渗水主要集中在已停止建设的旧混凝土以及已开工后新浇混凝土的连接处。这些缝面的止水外露部分，在已停止施工的情况下，已被村民们完全破坏；而在施工后，再重新进行凿槽、焊接等工作时，由于新老混凝土的不同步，有可能导致止水的二次破坏。另外，由于新旧混凝土构造缝邻近大坝的高差较大（最高可达 28m），以及邻近大坝的不均匀沉降，也会导致大坝的止水层破裂。

---

① 赵文涛，混凝土泰无漏（河南）特种工程有限公司，新乡市，453000。

3. 碾压混凝土和常态混凝土结合面施工不到位

按照设计需要，在坝轴线下游 3m 区域内，用正常的混凝土浇筑成一个抗渗的主体。其他的地方，用碾压的混凝土浇筑成块。在模板的周围，不能进行碾压的地方，用流变态的混凝土浇筑成块。在建设过程中，若对正常混凝土和碾压混凝土结合面的位置处理不好，很有可能会导致结合不牢固，从而产生渗透，使得大坝中的水沿着此结合面，渗透到排水走廊中。

13.12.3 水利施工中碾压混凝土施工技术

1. 碾压混凝土摊铺施工

在进行碾压混凝土摊铺施工时，如果在卸料堆中出现了集料的离析，则需要通过手动将离析集料在新的混凝土表面上进行均匀的分散。此外，在铺设的方向上，不允许向下游倾斜。要按照设计的要求，配合水库内部的分条带，来做好堆放和摊铺的工作；同时，要注意对平仓的厚度的控制，通常在 34cm 左右。在铺面过程中宜采用一次铺面方式，并在铺面方向上强化对铺面的控制。铺面应沿坝体轴线进行，以确保铺面方向的稳定。在二次配水或大坝的迎水面 5m 以内，一定要沿大坝的轴心位置做好填筑工作。

2. 碾压混凝土碾压施工

在仓号中的混凝土摊铺完毕后，应立即碾压，并且在模板上标注出下一个铺料层的铺料线。这样，就更方便了对后续摊铺和碾压施工的控制。在连续的堆场中，当堆场成了一段后，就需要使用压路机进行碾压作业了。在此期间，轧辊必须与平仓条相平行。在真正展开碾压施工的时候，还应该对碾压次数进行合理的控制，通常在初期开展碾压施工的时候，可以采用无振碾方式，碾压 2 次；后期采用有振碾压方式，最少碾压 8 次。在施工过程中，应强化碾压方向的控制，使其与大坝的流速保持一致。特别是在大坝迎面 5m 以内的区域，要对碾压方向进行严格的控制，以确保施工质量。对于某些特定的位置，可以根据具体情况，采用先磨或后磨。在进行碾压作业的时候，还应配合搭接方法，强化碾压条带搭接宽度的控制，碾压混凝土的碾压是随条带进行的。通常，轧条之间的搭接宽度约为 20cm，其中端头处的搭接宽度大于 100cm。在变形混凝土和碾压混凝土的邻近部位，进行碾压混凝土的碾压施工时，应注意两个部位的重叠宽度应超过 20cm。在每个碾压区，在碾压结束后，要在现场使用核子密度计对碾压混凝土的压实度进行快速测试。如果没有达到压实度要求，则要进行补压，直到测试通过为止。

3. 保温措施

在工程中运用碾压混凝土施工技术，其关键是要切实做好隔热工作。对各种种类的温控防裂措施进行了大量的使用，这些措施可以在温度较高的区域进行持续施工，从而可以有效地提升水利工程的建设效率，保证水利工程的建设进程。例如，可以采用蒸气对沙砾集料进行预热；同时，配合热水进行搅拌，从而达到提升出机口的目的。除此之外，在使用保温措施的时候，可以对浇筑混凝土的保温模具进行合理的使用，在仓面偿付与碾压时，可以在混凝土上进行保温被的遮盖，从而实现最后的保温效果，也可以在保证混凝土施工温度的前提下，可以对碾压混凝土施工技术的稳定性进行有效提升。

4. 后期养护

施工结束后，养护工作是保证施工质量的重要环节。碾压混凝土养护的重点是保湿。在完成碾压作业后，要进行混凝土保湿养护。常用的保湿方式，就是用塑料膜覆盖，首先在混凝土的表层上洒上水，然后再用塑料膜将其包裹起来，这样就可以保持混凝土的潮湿，从而确保最后的保湿效果。另外，还需要对混凝土的养护时间进行全面考虑，以保证混凝土和水的充分反应。在抗离析强度大于 3.5MPa 的情况下，可以停止养护。在进行收缩裂缝的切割期，也必须掌握最后的切割期。最优的切割期是在碾压结束后 8h，而进行切割期的前提是要保证混凝土的强度达到要求。在确定切割深度时，要与之前的施工设计要求相结合。切割结束后，要加强对割缝的维护。

13.12.4　水库大坝除险加固中的注意事项

1. 现场管理

根据工程建设的需要，严格执行工程的质量控制。由专门的监理人员对现场进行管控，对重点部位、隐蔽工程等各方面的建设品质展开监管，保证其能够严格遵守技术规范。此外，要将现场的一些信息进行自动化的记录，尤其是在水库大坝的强化注浆施工中，要及时地对回填操作中的开口条件、回填比及重要的工艺指标进行实时记录并追踪。这样，才能为后期的质量检查和管理工作提供一个行之有效的参考。

2. 运行维护管控

水库运行后，由于蓄水和冲刷等原因，极易发生渗漏、开裂和垮塌等病害。因此，应根据实际的运行状况，在野外进行经常性的巡查与保护。例如，在水库大坝排水口、溢流段等部位，都采用了混凝土砌筑，在大坝的表层分别安装各种类型的护坡。通过对大坝的防护设备和消力保护，提高了大坝的安全性、稳定性和可靠性，让其更好地参与到生态服务中。

3. 碾压混凝土压实度控制

为了对碾压混凝土施工技术的密实程度进行有效的控制，必须使用双钢轮式振动压路机。在此阶段，可以采用八次"振动碾压"和两次"无振碾压"的组合方式。在每一层的碾压工作结束后，必须由现场质量检验人员使用核子密度计对碾压混凝土的压实度进行检验，并按照网格点对混凝土的压实度进行检验。在实际的测试中，按 $50m^2$ 的面积布设一个网格，每个浇筑单元的每个碾压层不得低于 3 个。如果测试值与实际情况不符，则需要重新测试。

13.12.5 结语

渗漏是大坝最具危害的一种。它不但会造成混凝土的腐蚀损伤，而且还会引发并加快其他病害的发生、发展，从而直接威胁到大坝的安全。其危害程度取决于是否需要采取相应的修复措施。所以，在具体的项目中，要对漏水的成因进行分析，对漏水的危害性进行分析和评估，并对漏水的修复方案进行对比。选择适当的修复处理方案，以达到将损害降到最低的目的。

13.13　益阳赫山区学府花园小区地下车库堵漏修补方案 [①]

13.13.1　工程概况

此工程为益阳赫山区学府花园小区地下车库堵漏修补工程，底板投影面积约 $12000m^2$。

经我公司技术人员现场查勘情况如下：地下室底板有裂纹渗漏和零星渗水点，剪力墙有贯穿裂纹渗水与零星渗水点；顶板有好几处管道口严重漏水，形成了涌水现象。地下室排水沟已经完全堵塞，造成地下室积水相当严重，积水最深处超过 20cm。这种情况下在结构体迎水面做防水处理，成本过高，也达不到完整防护的要求，只能从结构体背水面做防水处理。

13.13.2　堵漏修补方案设计

我们遵循"堵排结合，内外兼治，因地制宜，刚柔相济，综合治理"的原则提出治理方案。

1. 排水沟

首先，找到原来的排水沟，清理堵塞部位。如果没有排水沟的地方，合理补加排水沟，排干净地面积水。

2. 剪力墙

首先，钻孔注入水性聚氨酯注浆液止水，再用环氧注浆液顶浆补强修复。注浆液凝

---

① 王国湘，1967 年 7 月 9 日生，湖南大学毕业，树脂工程师，防水高级工程师，曾任广东金美联化工有限公司工程师、江苏冠元漆业有限公司工程师、浙江尚品飞桥集团工程师，江西彩信树脂公司总工，中国商业联合会知识产权分会会员。建筑化学分析工，建材物理检验工，碳排放高级管理师，现任湖南怀阳新材料科技有限公司总工。

固后，拆下注浆嘴，用速凝堵漏王封堵注浆孔。清理基面，再在以渗透点为中心周围扩大 20cm 涂刷金韶峰高弹性多功能橡塑涂料三遍，达到 1.2mm 以上。

3. 地下室底板

清理干净后，找出漏水点，做好标记。必要时，散干水泥找出渗透点；再钻孔注浆，止渗、堵漏、补强；再涂刷金韶峰高弹性多功能橡塑涂料二遍，达到 1.0mm 以上。最后，根据原设计要求，地下室底板必须全部用冷粘法满贴一道 3mm 厚 SBS 防水卷材。卷材铺好后，再做保护层。最好在保护层水泥砂浆中掺入水泥量 3% ～ 5% 的多功能防水合金粉。

4. 地下室顶板

1）涌水管道口，先用速凝堵漏王减压堵漏，并预埋注浆嘴注入水性聚氨酯注浆液止水，再批防水水泥砂浆 2cm，最后刷涂金韶峰高弹性多功能橡塑涂料三遍，达到 1.2mm 以上；

2）顶板渗水处做法同剪力墙。

13.13.3　施工工艺

1. 地下室顶板

1）一般渗漏点：查找渗漏点→钻孔→安装注浆嘴→封缝→注浆→顶浆加固→拆下注浆嘴→封堵注浆口→清理基层→金韶峰多功能橡塑防水涂料施工→验收。

2）涌水管口：清理基层→堵漏、安装注浆嘴→注浆止水→检查→拆下注浆嘴→封堵注浆孔→批防水砂浆→清理基层→金韶峰多功能橡塑防水涂料施工→验收。

2. 剪力墙

查找渗漏点→钻孔→安装注浆嘴→封缝→注浆→顶浆加固→拆下注浆嘴→封堵注浆口→清理基层→金韶峰多功能橡塑防水涂料施工→验收。

3. 地下室底板

基层清理→疏通排水沟→基层处理→查找渗漏点→钻孔→安装注浆嘴→封缝→注浆→拆下注浆嘴→封堵注浆口→清理基层→金韶峰多功能橡塑防水涂料施工→清理基层→粘贴 SBS 改性沥青防水卷材→验收→做保护层→竣工验收。

13.13.4　渗漏局部修补技术

1. 顶板渗漏修补

首先，用金韶峰速凝堵漏王，埋管减压法堵住明水。在堵漏王堵水的同时，预埋注浆针头。堵漏王达到一定强度后，再进行注浆。注浆完成后，待注浆液凝固后，卸掉注浆嘴，用金韶峰堵漏王速凝堵塞注浆嘴洞口。最后，清理干净基面，再涂刷金韶峰高弹性多功能橡塑涂料三遍，达到 1.5mm 以上。

2. 剪力墙渗漏修补

采用交叉离缝（50mm）呈梅花状斜孔注浆法注浆。剪力墙裂缝修补示意图如图 13-95 所示。

3. 地下室底板涌水缝修补

直插式骑缝注浆法如图 13-96 所示。

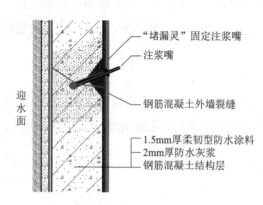

"堵漏灵"固定注浆嘴
注浆嘴
迎水面
钢筋混凝土外墙裂缝
1.5mm厚柔韧型防水涂料
2mm厚防水灰浆
钢筋混凝土结构层

图 13-95 剪力墙裂缝修补示意图

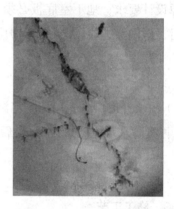

图 13-96 直插式骑缝注浆法

13.13.5 灌浆堵漏做法

灌浆是整个化学灌浆的中心环节，须待一切准备工作完成后进行。灌浆前有组织地进行分工，固定岗位，尤其需要有专职、熟练的人员进行操作。

1）灌浆前，对整个系统进行全面的检查，在灌浆机具运转正常、管路畅通的情况下，方可灌浆。

2）对于垂直缝一般自下而上灌浆，水平缝由一端向另一端或从两头向中间灌浆；当相邻孔或裂缝表面观测孔开始出浆后，保持压力 10 ～ 30s，观测缝中出浆情况，再适当进行补灌。要反复多次补充灌浆，直到灌浆的压力变化比较平缓后才停止灌浆；对集中漏水，应先对漏水量最大的孔洞进行灌浆。

3）对裂隙或孔洞必须采用顶浆法注浆。首先，采用水性聚氨酯注浆止水，再用环氧注浆液顶注补强加固。

4）结束灌浆：在压力比较稳定的情况下，再继续灌 1 ～ 2min 既可结束灌浆，拆卸管路准备清洗。

5）封孔：经检查无漏水现象时，卸下灌浆头，用金韶峰堵漏王等材料将孔补平抹光。

6）灌浆注意事项：

（1）输浆管必须有足够的强度，装拆方便。

（2）所有操作人员必须穿戴必要的劳动保护用品。

（3）灌浆时，操作泵的人员应时刻注意浆液的灌入量，同时观察压力变化情况。一般压力突然升高，可能是由于浆液凝固、管路堵塞或由于浆液逐渐充填沉降缝，此时立即停止灌浆。压力稳定上升，但仍在一定压力之内，此时是正常的。有时，出现压力下降情况，这可能是由于孔隙被冲开，浆液大量进入沉降缝深部所致，此时可持续灌浆。随着大量浆液进入缝隙，压力会逐渐上升并稳定。压力降低的另一个原因是封缝或管道接头漏浆，需要及时停止灌浆，进行处理。有时，由于泵压力增大，将浆液压入沉降缝深处，使大量浆液流失。这时，可调节浆液固结时间，使其缩短凝结时间或采用间歇灌浆的方法来减少浆液损失。

（4）灌浆所用的设备、管路和料桶必须分别标明。

（5）灌浆前应准备水泥、速凝助剂等快速堵漏材料，以便及时处理漏浆、跑浆情况。

（6）每次灌浆结束后，必须及时清洗所有设备和管道，应用金韶峰堵漏王封闭灌浆孔。

7）注浆完毕后，漏水点的加强：

注浆完毕后，仔细检查，发现漏点及时补注。注浆全部完工，得过 3 ～ 5d 注浆液凝固完全，拆掉注浆止水针头，用金韶峰堵漏王及时封密止水针孔，清理干净渗漏点为中心 0.2m 宽的地面，并用钢丝刷刷干净地面，再涂刷金韶峰高弹性多功能橡塑涂料三遍，达到 1.5mm 以上，防水补漏基本就结束了。

13.13.6　地下室底板全面铺贴一道 SBS 改性沥青卷材

1）疏通地下室排水沟，引结露水和车辆带进来的雨水等进入集水井。

2）根据甲方提供的图纸设计说明，地下室是做的渗透结晶型防水涂料，加 0.5mm 塑料膜做保护层。如果地下室顶板重新开裂，造成塑料膜下窜水渗漏到地面，建议待堵漏修复验收后，地下室全部做一次 SBS 改性沥青防水卷材，地下室为相对密封环境，为了改善施工人员的施工环境，减轻施工人员健康危害，采用冷粘热熔封边，并且热熔封边后用金韶峰多功能橡塑防水涂料代替聚氨酯再次封边。

3）SBS 改性沥青防水卷材施工完毕后，为了更好地保证地下室的整体效果，在保护层水泥砂浆中按水泥重量的 3% ～ 5% 添加防渗、抗冻防水合金粉，就能做到万无一"湿"。

13.13.7　渗漏修补注意事项

1）注浆时，一定要注意保持通风良好，施工现场应远离火源，严禁吸烟，防止火灾发生。

2）每道工序施工完毕验收合格后才能做下道工序。

3）每批材料必须有检验合格证，并且现场验收检验。

4）必须配备专职的施工技术人员和熟练的操作工人。

5）配备必要的施工工具和防护设备。

6）甲方必须提供相应的施工方便，保障施工用水电和施工条件。

7）安全文明施工措施：根据政府有关法规规定，结合现场实际情况，制定保证安全生产的工地规章制度。工程部自进入施工现场后，即承担保障工程施工的所有人员安全的责任，直至工程竣工。

（1）安全技术交底制度：根据安全措施要求和现场实际情况，各级管理人员需要亲自逐级进行书面交底。安全技术交底必须由施工人员签字认可。

（2）班前检查制度：专业工长和区域施工员必须督促与检查班组的安全措施及安全防护用品是否齐全、有效。

（3）机械设备使用实行验收制度：凡不经验收的一律不得投入使用。使用中的设备下班后必须拉闸断电，并将专用闸箱上锁保护。

（4）安全活动制度：工程部组织有关人员进行安全教育，对安全方面存在的问题进行总结，对安全重点和注意事项做必要的交底，使广大施工人员能心中有数，从意识上时刻绷紧安全这根弦。

（5）持证施工制：必须持有公司签发的施工员证施工。

（6）隧道内脚手架上高空作业，做好自身防滑措施，检查脚手架安放稳固、牢靠后，方能上架系好安全措施施工。

13.13.8 结语

该工程多方协商，确定符合当地实际的防水修缮设计方案，经工人精心施工，确保了工程质量，达到了业主要求，做到了不渗、不漏与安全、环保。

13.14 建筑防水堵漏技术的探讨 [①]

13.14.1 引言

建筑防水堵漏是一项系统工程技术，它既可以有效地解决新建工程的渗漏，又能修复既有工程的缺陷，有效提高建筑物的使用寿命和舒适度。

---

① 鹿好岭。男，1962年9月出生于河南省开封市。1979年参加工作，在开封地区二夹弦剧团做电工，负责舞台灯光音响。1984年开封地区与开封市合并，离开剧团到开封市火电厂上班。1994年接触防水这个行业就爱上了防水，一直在防水界拼搏学习，并成立了自己的防水公司：河南杞县金斯盾防水防腐工程有限公司，任总经理。追求"一次维修，终身质保"之人。现任建筑防水高级工程师、中国北京绿色建筑产业联盟聘任专家。

13.14.2　注浆堵漏作用重大

堵漏注浆技术的原理，是利用注浆材料在压力作用下注入建筑物的裂缝、孔洞等缺陷部位，形成一个密实防水的整体。注浆材料通常具有良好的流动性、粘接性和耐久性，可以在建筑物内部形成一个稳定的阻水层，有效地挡水和空气的渗透。提高建筑物的使用寿命和舒适度。

13.14.3　堵漏材料

建筑防水堵漏材料多种多样，其中常用的灌浆材料主要包括水泥基注浆材料、聚氨酯注浆材料、环氧树脂注浆材料、丙烯酸盐注浆材料、锢水止漏胶、非固化蠕变形材料等。这些材料具有不同的性能和特点，可以根据建筑物的具体情况，选择性价比优、施工方便的材料施工。

13.14.4　灌浆工艺工法

1）裂缝清理：清理裂缝表面的杂物和灰尘，确保裂缝表面干净、干燥。

2）埋设注浆嘴：在裂缝两端埋设注浆嘴，确保注浆嘴与裂缝表面紧密贴合。

3）配制注浆材料：根据建筑物的具体情况，配制合适的注浆材料。

4）注浆施工：将配制好的注浆材料注入裂缝与孔洞中，要求低压慢灌。

5）封堵注浆嘴：注浆施工完成后，封堵注浆嘴，用速凝韧性材料填充注浆孔。

13.14.5　堵漏注浆存在的问题

在实际应用中，堵漏注浆也存在一些问题，如注浆材料的选择不当、施工不规范不精细等。这些问题可能导致注浆效果不佳，甚至造成建筑物的二次破坏。因此，在应用该技术时需要选择合适的注浆材料和施工工法，并严格按照相关规定进行施工作业。

13.14.6　注浆堵漏的创新发展

随着人类科技的不断进步和人们对建筑品质的要求不断提高，建筑防水堵漏注浆技术也在不断发展和创新。

1）新材料不断出现，实践中应优选性价比好的新材料。

2）绿色环保材料与绿色环保施工融合发展，实现节能减排。

3）智能化技术的提升

（1）推广智能化检测设备，如红外线扫描仪、超声波检测仪等，对建筑物进行全面检测，快速、准确地发现裂缝、空隙和漏洞等问题，为后续的注浆修缮提供准确依据。

（2）推行智能化施工设备，自动调整注浆参数，如注浆压力、流量等，提高注浆效果和施工效率。

（3）绿色环保理念的推广：在注浆材料的生产和施工过程中，采用节能减排的措施，降低能源消耗和温室气体排放。

13.14.7　结论

建筑防水保温堵漏注浆技术在未来的发展中，将呈现出新材料的应用、智能化技术的融合及绿色环保理念的推广等趋势。这些发展趋势将进一步提高建筑防水保温堵漏注浆技术的效果和可持续性，为建筑行业的发展提供更好的支持。建筑行业应积极关注这些发展趋势，不断创新和改进技术，以适应市场需求和社会发展的要求。

13.15　高粘抗滑水性沥青防水涂料 [①]

13.15.1　前言

建（构）筑物的侧墙立面因与地面成垂直而要求防水层具有较好的竖向抗滑移能力，而作为防水层材料，需要重点关注：防水材料与基面以及防水材料之间的粘接强度；防水材料的自重；防水材料的刚度。沥青防水涂料具有成本造价低（相对于高分子材料），防水效果好，原料易得（主要原材料为大宗商品），生产工艺、设备简易而受到广泛应用。目前，沥青防水涂料主要有水性和热熔型，水性涂料环保性好、材料性能易改性，主要以水性橡胶沥青防水涂料为代表；热熔型涂料表现为材料性能好（防水性能、存储性能）及生产成本较低（相对于水性涂料而言），但生产和施工时需要加热，不利于环境保护和人员的健康。而在建（构）物立面使用的防水涂料，在施工现场条件的限制下，不宜使用热熔型涂料，因此，开发高粘抗滑移水性沥青防水涂料具有重要的意义。

13.15.2　主要原材料及试验设备

1. 主要原材料

90 号石油沥青（佛山中油高富石油有限公司）、沥青基础油（山东孚润达化工有限公司）、高分子聚烯烃化合物（美国霍尼韦尔公司）、氯丁乳液（中国化工株洲橡胶研究院）、丁苯乳液（山东桥隆环保科技有限公司）、纯丙烯酸酯乳液（上海保立佳化工有限公司）、自粘聚合物改性沥青防水卷材（株洲飞鹿高新材料技术股份有限公司）、1500 目重质碳酸钙，涂料助剂，均为市售。

2. 主要试验设备

电子万能试验机（WDW-T100），济南天辰试验机制造有限公司；高速分散机（BGD75012），标格达精密仪器广州有限公司；胶体磨，嘉兴米德机械有限公司；流

[①] 张翔。男，1991 年出生于湖南省永州市，暨南大学硕士研究生，无机化学工程师。主要从事公路材料与防水涂料的研发及应用技术探索。

挂测定仪（650～875μm），天津静科联仪器有限公司；全自动低温柔度试验仪（DR-5），上海魅宇仪器设备有限公司，电热鼓风干燥箱（DHG-9101-2A），上海三发科学仪器有限公司。

13.15.3　试验部分

1. 原材料的选用

水性高粘抗滑移沥青防水涂料的主要原料有：乳化沥青、聚合物乳液、填料及少量助剂。本节从主要原料中的乳化沥青、聚合物乳液进行优选，使涂料满足相关性能要求。

1）乳化沥青的选用

本节主要讲述乳化沥青的优选过程。因为防水涂料中各助剂的使用环境多为碱性，因此，这里所研究的水性橡胶沥青防水涂料为阴离子型体系，所研究的乳化沥青为阴离子型。我们采用 90 号石油沥青、改性沥青、调制沥青、改性调制沥青进行乳化，得到相应的（改性／调制）乳化沥青。其中，改性沥青为 90 号沥青添加 3% 的改性剂（高分子聚烯烃）；调制沥青为 90 号沥青添加 10% 的沥青软化油；改性调制沥青为 90 号沥青添加 3% 的改性剂及 10% 的沥青软化油。将上述乳化沥青进行稳定性试验，试验结果如表 13-4 所示。发现改性乳化沥青在 5d 热存储（50℃）后出现沉降破乳现象，其主要原因为：改性剂提高了沥青的热熔点及热熔后的黏度，乳化后乳液的粒径大，分子布朗运动强，难以形成稳定体系，改性沥青的直接乳化不能得到稳定的乳液，因此，我们后续不再对改性乳化沥青进行相关试验研究。

（改性／调制）乳化沥青热存储试验　　　　表 13-4

沥青乳液名称	5d 热存储（50℃）后乳液状态
90 号乳化沥青	无沉降、呈均匀态
改性乳化沥青	沉降、部分破乳
调制乳化沥青	无沉降、呈均匀态
改性调制乳化沥青	无沉降、呈均匀态

将沥青乳液（45%）与聚合物乳液（40%）、无机填料（10%）及少量助剂和水（5%）制备成涂料，对涂料的主要性能进行检测，检测结果如表 13-5 所示。可以看出上述 3 种乳化沥青，符合性能要求的为改性调制乳化沥青：90 号乳化沥青制备的涂料高温、低温性能均不达标、调制乳化沥青制备的涂料高温性能不达标，改性调制乳化沥青制备的涂料高、低温指标符合标准要求。因此，我们选用改性调制乳化沥青作为后续研究。

不同沥青乳液制备的防水涂料性能　　　　　表 13-5

性能　　　　　　　涂料	乳化沥青涂料	调制乳化沥青涂料	改性调制乳化沥青涂料
耐热度（115℃，无滑动、滴落、流淌）	流淌	流淌	无滑动、滴落、流淌
低温柔性（-15℃，无断裂）	脆断	无断裂	无断裂
断裂伸长率（≥800%）	＞1000%	＞1000%	900%
剥离强度（≥3.0 N/mm）	3.0	2.5	3.2

2）聚合物乳液的选用

本节主要讲述聚合物乳液的优选过程。我们选取目前应用较多的丙烯酸乳液、氯丁胶乳、丁苯胶乳进行对比测试，并探讨聚合物乳液的用量对涂料性能的影响。将沥青乳液（45%）与聚合物乳液（40%）、无机填料（10%）及少量助剂和水（5%）制备成涂料并测试，结果如表 13-6 所示。可以看出，使用氯丁胶乳的涂料伸长率高、高温性能好，但低温下涂膜脆断；使用丁苯胶乳的涂料低温柔韧性好，但高温性能、剥离强度不达标，而选用丙烯酸乳液可以满足涂料的性能要求。

使用不同聚合物乳液的涂料性能　　　　　表 13-6

性能　　　　　　　涂料	氯丁乳液涂料	丁苯乳液涂料	丙烯酸乳液涂料
耐热度（115℃，无滑动、滴落、流淌）	无滑动、滴落、流淌	流淌	无滑动、滴落、流淌
低温柔性（-15℃，无断裂）	脆断	无断裂	无断裂
断裂伸长率（≥800%）	＞1000%	＞1000%	900%
剥离强度（≥3.0 N/mm）	3.8	1.5	3.2

3）增稠剂的选择

增稠剂主要作用于涂料起到施工抗流挂、贮存抗沉降作用。我们选取了多种增稠剂包括碱溶胀型、碱溶胀缔合型、聚氨酯缔合型进行试验，检测涂料的抗流挂效果和长期贮存效果（贮存时间为常温环境下 12 个月）。碱溶胀型选取陶氏 ASE-60 试验；碱溶胀缔合型选取陶氏 DR-50、DR-72、TT-615、TT-935 试验；聚氨酯缔合型增稠剂选取陶氏 RM-12W、RM-8W、RM-2020NPR 试验。增稠剂的添加量依次为 2‰、4‰、6‰、8‰。从测试结果可以看出，ASE-60 碱溶胀型增稠剂，增稠效果较差，涂料的抗流挂效果都不能满足标准要求；碱溶胀缔合型 DR-50 增稠效果明显，在添加量为 4‰时抗流挂值为 800μm，但是涂料的流平效果极差，贮存后涂料结团；DR-72 在添加量为 6‰时可达到抗流挂值 800μm，且涂料的贮存性能较好；TT-615、TT-935 添加时，涂料的抗流挂效果都不能满足标准要求；聚氨酯缔合型增稠剂也不能满足涂料的抗流挂效果，且使用时涂料短暂贮存后极易分层析水，使涂料失稳。因此，我们优选碱溶胀缔合型增稠剂DR-72 作为涂料的增稠剂，添加量为涂料质量的 6‰，如图 13-97 所示。

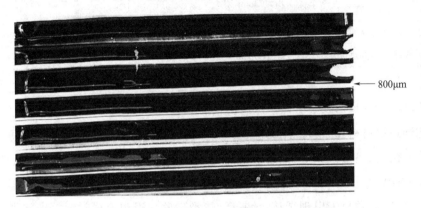

←800μm

图 13-97　DR-72（6‰）对涂料的抗流挂效果

2. 涂料的配比探究

聚合物乳液对涂料的各项性能起重要作用，添加量低有可能导致涂料的性能无法达标，添加量过高，涂料的原材料生产成本则过高，不具有经济性；无机填料除可以增强涂膜的强度外，最重要的则是降低原材料成本，因此，我们通过试验确定聚合物乳液和无机填料的合适添加量，使涂料既满足性能指标要求，又保证合理的原材料成本。为此，我们测试了涂料中不同丙烯酸乳液含量（固定填料含量为 10%）和不同无机填料含量（固定聚合物乳液含量为 40%）对涂料性能的影响，如表 13-7、表 13-8 所示，当涂料中乳液含量在 40% 以下时涂料的多项性能指标不达标，乳液含量大于 40% 时涂料的各项性能达标；当涂料中无机填料的含量低于 10% 时，涂料的各项性能均能达标；当涂料中无机填料的含量超过 10% 时，涂料的性能受影响较大，多项性能不达标，因此我们优选涂料中丙烯酸乳液含量为 40%，无机填料含量为 10%。

不同聚合物乳液含量的涂料性能　　　　　　表 13-7

性能 \ 涂料	20%	30%	40%	50%	60%
耐热度（115℃无滑动、滴落、流淌）	流淌	滑动 10mm	无滑动、滴落、流淌	无滑动、滴落、流淌	无滑动、滴落、流淌
低温柔性（-15℃无断裂）	脆断	脆断	无断裂	无断裂	无断裂
断裂伸长率（≥800%）	500%	700%	＞1000%	＞1000%	＞1000%
剥离强度（≥3.0N/mm）	1.8	2.5	3.2	3.5	3.6

不同无机填料含量的涂料性能 表 13-8

性能 \ 涂料	0	10%	20%	30%
耐热度（115℃ 无滑动、滴落、流淌）	滑动 3mm	无滑动、滴落、 流淌	无滑动、滴落、 流淌	无滑动、滴落、 流淌
低温柔性（-15℃无断裂）	无断裂	无断裂	脆断	脆断
断裂伸长率（≥800%）	>1000%	>1000%	650%	400%
剥离强度（≥3.0N/mm）	3.5	3.2	2.4	1.8

3. 高粘抗滑水性橡胶沥青防水涂料的性能

上述通过原材料和涂料配比的优选，成功制备了高粘抗滑水性橡胶沥青防水涂料。将涂料涂覆在混凝土试块上，涂覆面积为 100mm×50mm，用量为 1.0kg/m²。涂膜干燥后，将 3.0mm 厚 PY 类 Ⅱ 型自粘聚合物改性沥青防水卷材压实粘牢，将 1kg 的砝码悬挂在卷材上，悬挂 5d 后卷材未出现滑移、脱落、撕裂现象。说明涂料与混凝土基层和卷材间的粘接性好，涂料的竖向抗滑移效果好（图 13-98）。参考北京东方雨虹企业标准《高粘抗滑水性橡胶沥青防水涂料》Q/SY YHF 0135—2020，对涂料的主要性能进行检测，均能达到标准要求（表 13-9）。

图 13-98　高粘抗滑水性橡胶沥青防水涂料的竖向性能

高粘抗滑水性橡胶沥青防水涂料的性能 表 13-9

性能指标	实测值
固体含量（≥50%）	55%
表干时间（≤2h）	2h
实干时间（≤4h）	4h
抗流挂性（≥800μm）	800μm

续表

性能指标	实测值
耐热度（115℃无滑动、滴落、流淌）	无滑动、滴落、流淌
低温柔性（−15℃无断裂）	无断裂
断裂伸长率（≥800%）	>1000%
剥离强度（≥3.0N/mm）	3.2

13.15.4　结论

我们通过优选原材料和主要原料的配比，成功制备了符合性能要求的高粘抗滑水性橡胶沥青防水涂料，对涂料的性能进行测试，其各项指标均能达到要求。使用该涂料 + 自粘沥青防水卷材对建（构）筑物的侧墙进行防水施工，其施工工艺简单、安全，防水层能很好地与侧墙基面粘接牢固，使防水层牢牢地粘在基层上，发挥防水作用，保护建（构）筑物。

13.16　南昌青山湖隧道内衬墙渗漏维修技术措施 [①]

13.16.1　工程概况

南昌市青山湖隧道属于城市干道下穿隧道，交通流量大，隧道埋深 15m 左右，距离青山湖不足 100m，地表水压偏大。该隧道于 2009 年投入使用，运营时间较久，部分沉降缝防水系统失效。本次发生渗漏的部位位于青山湖隧道北侧通道 K3+185 处，目前涌水近 10m³/h。如果不及时处理，涌水带走墙体外面泥沙而形成漏斗区，很容易出现塌陷等灾害。急需要对隧道渗漏水情况进行封堵处理，恢复变形缝的防水功能。

青山湖隧道平面布置如图 13-99 所示，渗漏现状如图 13-100 所示。

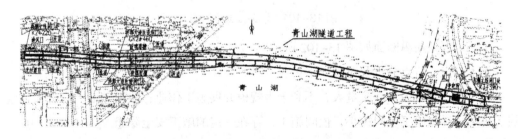

图 13-99　青山湖隧道平面布置示意图

---

① 文忠、刘裕、吴文英，北京卓越金控高科技有限公司。

图 13-100　渗漏情况现场实景图

渗漏位置平面如图 13-101 所示。

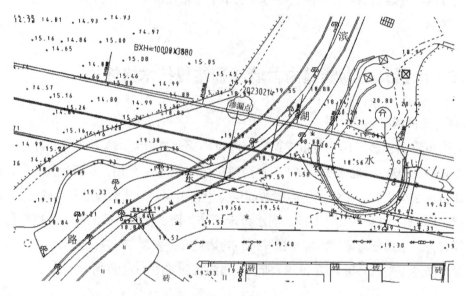

图 13-101　渗漏位置平面图

渗漏位置地质纵断面如图 13-102 所示。

施工难点、特点分析及对策如下。

施工难点：隧道交通流量大，不利于大规模开展施工作业；隧道侧墙上存在大量管线、桥架，导致施工空间狭小；夜间施工，存在一定的施工安全隐患。

为保证快速施工，不占用大量的施工场地，本次渗漏修复施工所有材料不在现场制作，均采用成品材料。

隧道作为城市主干道，为缩小施工对交通产生的影响，施工时隧道半幅通车，尽量做到不进行全封闭施工。

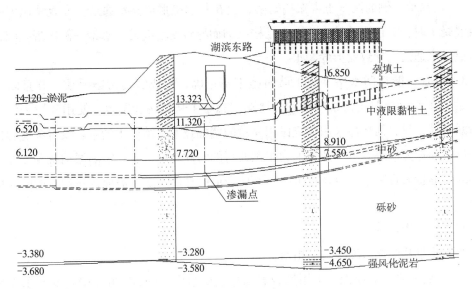

图 13-102 渗漏位置地质纵断面图

每天施工完毕后，做到"工完场清"，当天"落手清"，不遗漏施工材料，不影响第二天开放交通。

所有施工垃圾及时运走，做到安全文明施工。因隧道内环境相对封闭，清除垃圾时须配备除尘设备。

13.16.2 项目质量目标

1）依据《地下防水工程质量验收规范》GB 50208—2011、《地下工程防水技术规范》GB 50108—2008 整治后达到地下工程二级防水、即不允许漏水，涉及电器部分一级防水。结构表面可有少量湿渍，总湿渍面积不大于总防水面积的 2/1000，任意 $100m^2$ 防水面积内的湿渍不超过 3 处，单个湿渍的最大面积不大于 $0.2m^2$，平均渗漏量不大于 $0.05L/（m^2 \cdot d）$，任意 $100m^2$ 防水面积渗漏量不大于 $0.15L/（m^2 \cdot d）$。

2）混凝土表面光洁、平整，颜色基本协调一致，无裂缝和渗漏水；模板接缝及施工缝线条整齐；混凝土表面无裂缝、渗漏水；路面不流水积水；冬季路面不结冰。

13.16.3 渗漏封堵修复方案

1. 渗漏原因分析

1）隧道结构沉降或变形不均匀导致内外止水带被撕裂，以及搭接头焊接不牢固、施工时遭破坏穿洞、地表的水压力太大超出设计止水带能承受的压力等。如遇外防水也存在隐患而失效，就会造成变形缝、伸缩缝漏水。这个主要涉及结构和周围土体之间的空腔存水、积水，没有注意考虑回填灌浆的步骤，而造成积水形成水压，对橡胶止水带造成破坏。

2）止水带一侧的混凝土未振捣密实，会在其周围形成渗水通道。在夏季高温季节浇筑混凝土时，昼夜温差较大，由于结构收缩而导致变形缝处止水带一侧出现空隙，从而形成渗水通道，导致变形缝漏水。

3）以往，隧道防水堵漏施工队伍施工不正确，造成缝内污染严重，并且防水效果失效。正常设计对运营维修期间的堵漏，忽略了从结构和围岩、使用环境去考虑防水堵漏设计，只是简单地采用一般民用建筑的堵漏技术，治标不治本。没有考虑到伸缩缝变形大而造成的渗漏水。隧道因为车辆通行的时候对结构有一定的振动扰动，而造成变形缝变形量大且频繁，以及止水带疲劳而造成的功能失效。需要优化现有的防水堵漏设计。

2. 主要维修方案

壁后注浆及变形缝渗漏封堵相结合

1）壁后注浆核心原理：采用控制灌浆技术把结构背后的空腔水通过灌浆填充变成裂隙水，把压力的水变成微压力水，把无序水变成有序水，把分散水变成集中水，从源头上减少、降低出水量，再结合恢复结构防水功能、处理结构缺陷，堵漏兼加固，达到综合有效地解决隧道渗漏问题的目标。

2）沉降缝治理目标：修复沉降缝的功能，变形缝就是再变形、再伸缩也不会渗漏。

3）设计理念：对变形缝灌注液体橡胶、改性环氧树脂、非固化橡胶密封胶、结合弹性环氧密封胶、聚硫密封胶等综合专利技术，去修复原设计的中埋橡胶止水带破损失效位置，确保变形缝不再有渗漏水，不对行车安全造成隐患。

4）施工工艺采用弹性和柔性相结合的原则——抵抗隧道运行过程中高低频振动扰动以及热胀冷缩对渗漏部位的破坏。

5）材料选择应该采用物理粘接和化学粘接相结合的原则——针对渗漏部位工况环境复杂，对粘接要求非常高，同时要抵抗高低温蠕变。

3. 施工主要材料简介

1）WZ-8101高强度堵漏抗渗密封胶

（1）水中可以施工，水中固化后基本性能不变。

（2）应用于各种相对静态状况下渗漏维修、裂缝维修加固、顶板（底板）维修加固等。

（3）配比为 A：B=3：1，混合均匀后直接用机器灌注或手工涂刷到需要部位。

（4）固化时间：环境温度 20℃左右，30～60min。

（5）环境温度低于 5℃，建议不要施工。

（6）铁桶包装，A 为 17kg，B 为 3kg。

2）WZ-1016 再造防水层专用密封胶

（1）A：B=100：33（质量比）混合并搅拌均匀，施加于待胶结的部位，室温下即可固化。

（2）固化后为柔软弹性体，不存在内应力。

（3）适用于各种位移裂缝、再造防水层等抗漏及密封场所。

3）WZ-1019 变形缝伸缩缝专用柔性密封胶

（1）无溶剂、无味、对人体无害、无规则外形的胶泥状物。

（2）广泛用于各种工程变形缝（伸缩缝）的堵漏密封。

（3）施加 50kPa 的水压，保证 1min 不漏水，无位移。

（4）68 号机油浸泡一个月，不流散、不变形。

（5）配 32% 混合氩气做传爆试验，不传爆。

4）WZ-1013 伸缩缝专用高弹性密封胶

（1）低模量、弹性回复率好。

（2）低黏度、高触变性、操作性好。

（3）耐酸碱、耐污染、耐潮湿。

（4）相对密度为 1.65，粘接力强。

5）WZ-9908 地下空间注浆加固专用料

（1）耐高低频振动。

（2）耐酸碱盐污染侵蚀。

（3）抗高温及低温冻胀。

（4）不开裂、不粉化。

（5）操作简单，环保无毒。

6）WZ-8109 止漏宝

（1）早强：1min 初凝，30min 达到 C20 强度以上，终凝 C50 强度。

（2）微膨胀：填充后无收缩，保证渗漏部位、裂缝与基面之间紧密粘接。

（3）耐久性：使用寿命和基础混凝土寿命相当。

（4）抗油渗，耐高温冲击，在机油浸泡下强度不变，可进行钢筋焊接。

（5）在水中不分散：无论是静态或动态水，均能在水中保持絮凝状态，不被冲散。

4. 施工主要机具

1）打磨机、钻机、开槽机、搅拌机、注浆机及配套设施（图 13-103）。

2）壁后注浆示意如图 13-104 所示。

新型快速安装注浆装置　　　双液固定叶片混合器

图 13-103　灌浆泵及配件照片

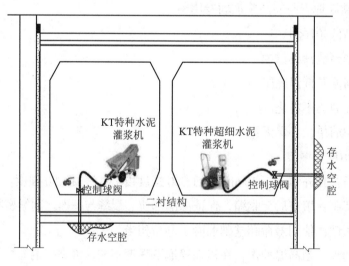

图 13-104　结构壁后注浆示意图

5. 施工准备工作

1）为了保证渗漏治理工程施工的顺利进行，根据现场条件和有关要求对施工场地进行合理整治、布设，综合考虑生产各环节间的关系和生活诸多因素，合理使用场地，使生产和生活在施工期间保证安全的前提下，达到最优化配置。

2）施工现场准备

（1）根据现场情况，研究并掌握地质资料；

（2）根据钻孔分布情况提前清理准备好施工作业面；

（3）做好通水、通电及现场安排布置；

（4）加强与业主、监理单位的联系，掌握工程施工时的具体要求；

（5）认真研究各项工程的特点、重点和难点，位置关系，有针对性地制定施工方案和安全、质量控制措施；

（6）检查施工设备的完好情况，并做好各易损件、易耗件的储备工作；

（7）做好施工前的安全文明教育。

3）技术准备

（1）组织技术人员熟悉图纸及有关资料。

（2）做好施工技术交底，尤其对工程的设计重点、要点和施工中应注意的特殊工序以及质量要求，要进行详细的文字交底，做到人人心中有数，严格按设计及规范的要求进行施工。

（3）认真阅读研究相关施工图纸及其他技术资料。

（4）认真熟悉并掌握施工现场的地质情况及相关资料。

（5）做好各工种岗前培训工作，特殊工种要求持证上岗。

（6）做好安全文明施工交底工作，真正做到安全生产、文明施工。

6. 渗漏注浆加固工艺工法

1）壁后空腔水治理施工工艺流程

钻孔打穿混凝土结构（14mm）→埋设四分注浆管→连接注浆泵→混合 WZ9908 聚合物地下空间专用注浆料→调整注浆压力（注浆压力控制不超过 1.5MPa）→搅拌 WZ9908 均匀后输入专用灌浆机（注浆量 15L/min）→灌浆完毕清理现场。

2）壁后注浆工法

（1）对变形缝结构壁后空腔水治理时，打孔深度以打穿结构后继续深入 0.2m 左右为准。

（2）沿变形缝两侧 70～80cm 采用钻机进行钻孔，打穿混凝土结构层，穿透结构层后深入岩土层，孔深控制在以打穿结构后继续深入 1～1.5m 左右为准，打孔间距 3～5m，对钻孔位置进行标记并编号，对 1、3、5、7、9……奇数编号进行钻孔。预留注浆孔、观测孔及泄压孔，安装 2.5m 长 $\phi25$ 钢花管，管口上端 1m 不做花管，下端 1.5m 管壁采用 $\phi8$ 钻孔，15cm 梅花形布置，采用低压、慢灌、快速固化，分次、分层控制灌浆工艺，采用 WZ9908 在一起灌注。

（3）第一次灌浆结束48h后，继续采用钻机对结构进行钻孔，孔深控制在1.5m左右，打孔间距3～5m，对钻孔位置进行标记并编号，对2、4、6、8、10……偶数编号进行钻孔，预留注浆孔、观测孔及泄压孔，安装1.5m长ϕ25钢花管，管口上端1m不做花管，下端0.5m管壁采用ϕ8钻孔，15cm梅花形布置，采用低压、慢灌、快速固化，分次、分层控制灌浆工艺。继续采用WZ9908在一起灌注，同时起到对第一次灌浆进行补充和检查灌浆效果的作用。

（4）按照"堵排结合、以堵为主、以排为辅、限量排放"的城市地下隧道基本原则，对靠近变形缝排水沟两侧做泄压孔排水处理，使用ϕ100钻机沿两侧水沟垂直向下钻孔，打穿混凝土结构保护层，清洗孔内灰尘嵌入PVC管，管底部铺设两层过滤网，使用电锤沿泄压孔两侧斜打孔，植入钢筋起到八字固定作用，侧墙及顶部加装W钢带及恢复积水盒。

（5）施工监测内容：监测内容主要为注浆压力、浆体扩散范围、施工过程中采用泄压孔安装监测，在施工范围区域内，每隔3m设置一处，派专人监视泄压孔工况。

3）沉降缝封堵施工工艺

（1）清理缝内所有原有注浆材料和杂物。

（2）用电动打磨机将两边基面打磨清理，并用吹风机将基面上的粉尘清理干净。

（3）采用WZ-1016对基面表面进行加固抗渗处理。

（4）采用WZ-8109特种加固剂对缝隙进行重新塑型。

（5）填塞WZ-1019伸缩缝专用柔性密封胶，保证填塞深度不低于5cm左右。

（6）WZ-1019填塞完毕，采用WZ-1013弹性密封胶进行二次密封找平，涂覆深度不低于5cm。

（7）在WZ-1013弹性密封胶层上贴一层玻璃纤维布作为保护层。

（8）涂刷WZ9901抗渗涂料。

（9）全部工序完毕后，清理现场，清扫施工区域，确认施工区域干净、整洁后，填写完工单，上交业主方验收。以上做法如图13-105、图13-106所示。

图13-105　沉降缝剖面构造示意图

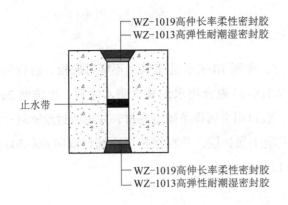

WZ-1019高伸长率柔性密封胶
WZ-1013高弹性耐潮湿密封胶

止水带

WZ-1019高伸长率柔性密封胶
WZ-1013高弹性耐潮湿密封胶

注：
1.施工时混凝土基面务必进行表面处理，在进行密封防渗前保持干燥、整洁。
2.WZ-1019施工时如果环境温度低于15℃时，先用热风机对基面进行预热处理，基面温度65℃以上，将WZ-1019进行塞填施工。
3.基面如果被污染务必进行防污处理，防污方案另做。
4.防渗处理48h后，应对地板进行回填处理。
5.开槽宽度不低于原有宽度的1.5倍，深度不低于15mm。

图 13-106　沉降缝构造示意图

13.16.4　结语

青山湖隧道内衬墙渗漏，经过我公司优选合适材料与匠心施工，做到了无渗漏要求，一次性验收合格。

13.17　桂林荣和林溪府别墅区地下空间渗漏修缮技术措施[①]

13.17.1　工程概况

桂林荣和林溪府别墅区的地下室下沉到覆土层以下约 1m，底板为现浇 12～15cm 无筋混凝土＋砂浆找平，墙身原做过防水涂膜，外墙面做过防水卷材。现在地下室四周墙壁有湿渍与渗水，地面有明显可见的积水，如图 13-107、图 13-108 所示。

图 13-107　别墅地下室 1

图 13-108　别墅地下室 2

13.17.2　渗漏原因

1）外界雨水渗入地下室，造成了渗漏。

2）水由地面管廊渗透到地下室，造成地下室渗漏积水。

①黄志强，男，湖南省醴陵市人，出生于1966年，1991年医科大学毕业从医三年，1993年下海经商，2002年创建桂林市和鑫防水装饰材料有限公司，防水高级工程师，防水工考评员，讲师。

13.17.3 维修措施

1. 地下室地面渗漏治理

清理地面积水及杂物，找到漏水点，预埋 10cm 长注浆管，不穿过底板，进行深层注浆堵漏；在地下室地面涂刷 2mm 厚 HX-JS 聚合物水泥复合防水涂料，再铺贴 2mm 厚无胎自粘聚合物改性沥青防水卷材；收口用金属压条固定卷材，并用密封胶密封；在卷材上浇筑 200mm 厚 C20 细石抗渗混凝土保护层，并在保护层内铺设双向 $\phi6@200$ 的钢筋网片。地下室底板防渗维修如图 13-109 所示。

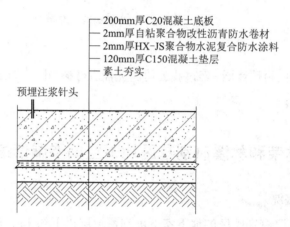

图 13-109　地下室底板防渗维修示意图

2. 地下室墙身渗漏维修方案

清理干净基面，有漏水点处先进行深层注浆堵漏；再涂刷 2mm 厚 HX-JS 聚合物水泥复合防水涂料；铺贴 2mm 厚自粘聚合物改性沥青防水卷材，高度做至墙身 1.5m；收口用金属压条固定卷材，并用密封胶封闭；再涂刷 2mm 厚 HX-JS 聚合物水泥复合防水涂料加砂浆抹平，侧墙防水示意图如图 13-110 所示。

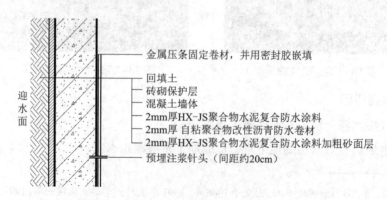

图 13-110　侧墙防水示意图

3. 地面管廊防水方案

基面清理干净；管道与混凝土间的预留洞口用聚合物防水砂浆或堵漏王封堵；在地面管廊背水面进行深层注浆堵漏，水遇到注浆液后进行发泡形成阻水墙，起到防水作用；再涂刷 2mm 厚 HX-JS 聚合物水泥复合防水涂料，铺贴 2mm 厚自粘聚合物改性沥青防水卷材，防水层做到墙身 1.5m 高；收口用金属压条固定卷材，并用密封胶密封；再用 2mm 厚 HX-JS 聚合物水泥复合防水涂料加中砂抹平至原来砂浆面层。并要求防水层闭合连成一个整体。以上做法如图 13-111 所示。

13.17.4　材料简介

1. HX-JS 聚合物水泥复合防水涂料

"和鑫"牌 JS 聚合物水泥复合防水涂料是我公司吸收德国先进技术自行开发的，由有机液料（纯丙乳液、苯丙弹性乳液等）和无机粉料（高强度等级水泥、石英砂等）以及多种功能助剂经科学级配制成的双组分防水涂料。涂覆后可形成防水屏障。

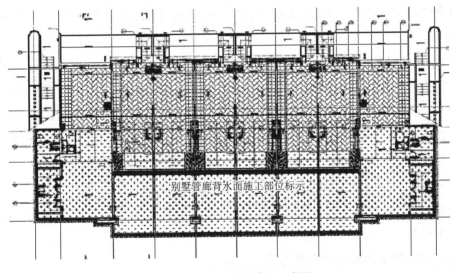

图 13-111　管廊防渗漏示意图

产品执行《聚合物水泥防水涂料》GB/T 23445—2009，产品特性：水性涂料，无毒、无污染；冷施工；能与多种材料的干湿面有良好的粘接性；涂层坚韧，耐水性、耐久性优良；涂料适用范围广。

2. "和鑫"牌自粘聚合物改性沥青防水卷材

"和鑫"牌自粘聚合物改性沥青防水卷材是以自粘聚合物改性沥青为基料，上表面采用聚乙烯膜为覆面材料（单面自粘）或隔离材料（无膜双面自粘）的无胎基自粘防水卷材。

产品特点：

（1）优异的自粘性能：特殊配方的自粘聚合物改性沥青胶料在常温下具有超强黏性，可与干净的水泥基面实施满粘，也可以湿粘，有效地避免了空鼓与窜水。

（2）独特的"自愈"功能：能自行愈合较小的穿刺破损，对钉穿透或细微裂纹具有愈合的能力，有效地保证了卷材防水的整体性。

（3）良好的延伸性：对基层伸缩或开裂变形适应性强，在一定程度上可减少因基层的变形及裂缝而引起的漏水现象。

（4）持久的粘接密封性：卷材搭接缝粘接、密封可靠，可与卷材同寿命。

产品执行《自粘聚合物改性沥青防水卷材》GB 23441—2009，适用于建筑物的地下室、屋面以及地铁、隧道、水池等防水、防渗、防潮工程。

3.高分子弹性注浆液——单组分聚氨酯堵漏注浆液

该产品外观为浅黄色至琥珀色透明液体，它是由聚氨酯预聚物与多种助剂配制而成的单组分堵漏材料，一种快速、高效、既能堵漏又能固结补强的高分子弹性材料。可应用于各种工程中起堵水、防渗、加固作用。产品执行《聚氨酯灌浆材料》JC/T 2041—2020标准。

（1）该材料具有良好的亲水性，能与水反应，同时生成CO_2气体，并逆水而上沿来水通道渗透扩散，与周围的混凝土、砂、土等固结，快速硬化，形成不透水的韧性防水屏障。

（2）该材料与混凝土及土粒粘接力大，可制得高强度的弹性固结体，因此，能充分适应地基或其他基层的变形，使其不易发生龟裂、崩塌而得到加固补强。

（3）施工时采用单液灌浆设备，易清洗，工艺简单易行。

产品适用于各种建（构）筑物与地下混凝土工程的裂缝、伸缩缝、施工缝、结构缝的堵漏密封等。

13.17.5 地下室底板渗漏修缮施工工艺工法

1.工艺流程：

基层清理→裂缝修补→深层灌浆→节点密封处理→涂刷第一道防水涂料→涂刷第二道防水涂料→弹基准线→铺贴卷材→收头固定→密封→C20混凝土施工→清理→检查→验收。

2.施工要点

1）基面处理：基面必须平整、牢固、干净、无明水，凹凸不平及裂缝处须先找平，渗漏处须先进行堵漏处理，阴阳角应成圆弧形或倒角（纯角）。

2）裂缝修补，深层灌浆处理：找准渗水点，把渗水部位清理干净，用快凝堵漏王预埋注浆管，间距应根据实际情况而定，一般为 20cm 左右，然后向深层低压慢灌注浆。

3）节点密封处理：用毛刷对管根、地漏、阴阳角等容易漏水的薄弱部位均匀涂刷防水涂料，不得漏涂（地面与墙角交接处，涂料上反墙上 25cm 高）。表干后，再变换方向涂刷第二道防水涂料；实干后，即可进行大面积涂膜防水层施工。

4）涂刷防水涂料：用滚刷或毛刷涂覆，按照底涂层→上涂层的次序逐层完成。各层之间施工间隔以前一层涂膜完全干燥、不粘为准（间隔时间 2～4h）。现场温度低，湿度大，通风差，干固时间稍长些；反之，短些。

5）铺贴卷材：铺贴卷材时，先弹基准线，然后打开卷材，长边对基准线后再揭去离型膜，将卷材直接粘贴在涂膜基层上，然后用压辊将卷材下面的空气排出，并往复多次压贴卷材。卷材搭接时，可同时将下层卷材的留边部分离型膜揭去后粘贴。粘贴完成后进行收头固定，并对薄弱环节进行密封处理。

6）C20 混凝土保护层施工：混凝土的浇筑应按先远后近、先高后低的原则推进，在湿润过的基层上分仓均匀地浇筑混凝土。在一个分仓内，可先铺 25mm 厚混凝土，再将扎好的钢筋提升到上面，然后再铺盖上层混凝土。用平板振动器振捣密实，用木杠或方钢沿两边冲筋标高刮平，并用辊筒来回辊压，直至表面浮浆不再沉落为止；再用木抹子搓平，提出水泥浆。浇筑混凝土时，每个分格缝板块的混凝土必须一次浇筑完成，不得留施工缝。

7）现场清理及自检自修：施工完毕后，对现场进行全面清理，并进行自检、自修。

13.17.6　强化现场管理

1. 施工前的监督管理

1）审查施工现场建立质量责任制度及质量体系情况。

2）监督检查基层是否达到面层施涂的质量要求。

3）审核施工方案和施工方法是否切实可行。

4）检查施工机具的完备情况。

5）检查技术交底是否符合工艺规程的要求。

2. 施工过程中的质量监督管理

执行"自检—互检—专检"相结合的"三检"制度。

3. 安全保证措施

1）施工前，进行安全教育、技术措施交底，施工中严格遵守安全操作规章制度。

2）施工人员操作时须穿工作服、戴安全帽、系安全带、穿防滑鞋等，上下屋面爬梯应抓紧、踩实，思想集中，防止坠落。

3）施工使用的电动工具必须完好、安全，要有合格的配电箱，接电工作必须由专业电工操作。电动工具操作人员必须戴绝缘手套，防止发生触电事故。

4）杜绝一切安全隐患，并做好安全检查工作。

5）不准在施工过程中发生喝酒、嬉戏等违禁活动。

6）施工前应对所有设备严格的检查，符合要求后，才允许作业。

7）必须执行国家有关安全施工的各项规定，遵守甲方的有关规章制度。

8）现场应配备适量的消防器材，如砂包、灭火器等。

4. 文明施工管理措施

1）根据现场实际情况，制定现场文明施工管理措施并严格执行。

2）维护施工现场的整洁，每日工完清场，垃圾运往指定地点。

3）做好环境保护，建立良好的作业环境。

4）在实际工作中不浪费，禁止乱扔、乱放、乱用材料，提高材料的利用率，节约水、电。

13.17.7 结语

工程渗漏水治理是一项充满许多不确定因素的技术工程，需要一系列的检查、诊断、试探性治理的反复过程。即由初勘预案→实勘修正→实施方案→效果验证→方案调整→效果验证→方案调整……→达到预期效果。本工程经合理设计与精心施工，达到了设计规定与业主要求及预定目标，一次性验收合格，得到了多方好评。

13.18 废水处理池和沟渠防腐蚀 [①]

13.18.1 废水处理池和沟渠防腐蚀的重要性

废水是一种主要的水源污染物，其成分复杂，对环境的危害很大，按其组成进行相应的处理，才能排放到天然水体或城市排水系统中，污水处理厂承担了这项重大的收集与净化任务。污水处理厂的主要目标是收集并处理含有复杂成分和环境污染的工业污水，若污水池及关联设施因为地基基础沉降等因素导致产生裂缝缺陷，将致使未经处理的污水渗入土壤或混入自然水体，它不仅会对周围的环境产生很大的污染，而且严重时甚至危及人们的生命安全。污水处理是保障人类社会卫生安全的重要措施，也是人类社会的一项重要工作。

---

① 周义、汤卫、黎运清。周义，男，1982年出生于长沙，高级工程师，一级建造师，国安全工程师，监理工程师，造价师，房屋验收咨询师。现任湖南深度防水防腐保温工程有限公司总经理（法定代表人），主要从事特种工程结构堵漏、改造、补强等。

13.18.2　防腐蚀材料的基本施工工序

1. 池壁、沟壁、反边

安全文明措施布置→施工前准备→基面处理→涂刷特种陶瓷防腐涂料界面剂→特种陶瓷防腐涂料底涂→铺贴玻璃纤维网格布→特种陶瓷防腐涂料中涂→特种陶瓷防腐涂料面涂 2 遍（涂层总厚度 1.0 ～ 1.5mm）→施工效果检查→现场整理及完工交付。

2. 池底、沟底

安全文明措施布置→施工前准备→基面处理→涂刷特种陶瓷防腐涂料界面剂→特种耐酸碱自流平砂浆（施工厚度 10 ～ 20mm）→施工效果检查→现场整理及完工交付。

13.18.3　防腐蚀处理材料及施工要点

1. 特种陶瓷防腐涂料 / 特种耐酸碱自流平砂浆

应用范围如下：

（1）大气防腐，特别是受沿海盐雾强腐蚀的金属（包括不锈钢、镀锌塔架等）的维修和防护。

（2）海洋领域，海底钢桩平台，管线及船舶的涂装，要求优良的综合性能和长期的使用寿命。

（3）水下（包括潮湿表面）的金属和混凝土结构的涂装，广泛涉及桥桩、船舶及地铁隧道等地下工程的水下工程的维修、维护，要求良好的施工性和优良的综合性能。

（4）大型水利、水闸工程，要求耐冲磨、耐久等性能。

（5）含有强氧化介质和强溶剂及耐温较高要求的大型废水储槽防腐。

（6）特殊要求地坪工程，对强化学介质、高温及高耐磨和硬度有较高要求。

（7）脱硫塔内衬防腐，体现了既耐腐、耐高温又要耐磨和耐温变等综合要求。

（8）具有各种综合要求的（如耐蚀、耐温、耐磨等）的各类化工单元操作设备内衬。

（9）石油管道和壳体的内壁涂层，具有较强的耐蚀和耐温要求，也包括大型油罐的内衬等。

（10）集装箱，铁路车厢内装具有防腐要求物质（如硫磺、化肥等）的内衬涂层。

2. 特种陶瓷防腐涂料（底涂 / 界面剂）

1）主要特性

特种陶瓷防腐涂料（底涂）系列陶瓷重防腐涂料，它是由无机物与有机物经特别方法化学反应合成的产物，它把无机物优良的耐蚀、耐温、耐磨等特性同有机物良好的韧性和施工成形性很好结合了起来。以该树脂为主要成膜物制成的涂料，因外观类似陶瓷，有时也称为陶瓷 - 有机涂料，陶瓷涂料在耐强酸、强碱、强溶剂、耐候、柔韧性等性能方面超过环氧涂料，是一类全新的耐蚀树脂涂料新品种。其具体性能见表 13-10。

特种陶瓷防腐涂料性能表　　　表 13-10

序号	性能指标		技术参数
1	颜色		黄色
2	相对密度（甲组分）		1.40 ～ 1.42
3	黏度（25℃）		A 组分 6000 ～ 8000cPa·s A、B 组分混合后 4500 ～ 6000cPa·s
4	VOC		＜ 60g/L 属无溶剂型
5	环保性	游离甲醛	未检出
6		甲苯	未检出
7		二甲苯	未检出
8		可溶性重金属（铅、镉、铬及汞等）	未检出
9	干燥时间（25℃）		表干 4 ～ 5h 实干 24h
10	耐温性		−40 ～ 120℃
11	耐磨		6mg
12	硬度（铅笔硬度）		4H
13	抗冲击性		1kg 钢球经 1m 高度自由落下，涂层表面不破裂 （仅有凹痕）
14	耐蚀性	盐雾试验	20000h 不起泡、脱落、变色
15		90℃盐水	浸泡 2 个月不起泡、脱落、变色
16		废水（含弱酸、碱及少量溶剂）	浸泡 2 个月不起泡、脱落、变色
17	其他		可水下固化，长期耐水和海水
18			涂层可通过 10000V 以上的电火花测试
19			良好的冲击（50kg/cm）和弯曲性（1mm）
20			多项性能指标优于无溶剂环氧体系

2）施工要点

作为底涂用于混凝土结构时用量一般 0.4 ～ 0.5kg/m²，用于金属结构用量一般 0.2 ～ 0.3kg/m²。涂装小面积一般推荐使用刷涂，大面积采用高压无气喷涂，做到涂装均匀，不漏涂、不流挂。施工时，需要严格按产品说明书 A 组与 B 组配比要求，将 A 组与 B 组使用电动搅拌器搅拌均匀，搅拌时间不少于 3min。气温较低或冬期施工时，产品黏度高，可以将涂料用加热装置适当加热至约 40℃，以便降低黏度，加快固化速度。在带水或水下施工时，需要采用配套的 B 组水下固化剂使用。

采用刷涂的方法，一般先由上向下纵向涂刷一遍，再左右横向涂刷，然后对角线交叉涂刷，最后再收面和修整边角。做到薄而均匀，无流挂、无露底。涂料应随用随拌。如已凝胶，应废弃不再使用，以保证工程质量。每次施工面积应视现场及自然环境条件、资源配置情况等综合确定。注意选用口齐、根硬、头软、不掉毛的扁形毛刷。新刷使用时，应先将不牢固的刷毛搓揉掉，以免影响涂层质量。

3. 特种耐酸碱自流平砂浆

1）主要特性

特种耐酸碱自流平砂浆，是采用防腐蚀陶瓷树脂为成膜物，加以耐腐蚀金刚砂、助剂等配制组成。砂浆具有优异的防腐及力学性能，用于污水处理池、防腐地坪以及具有防腐要求的混凝土结构防护层。具体性能见表 13-11。

特种耐酸碱自流平砂浆性能表　　　　表 13-11

性能指标	单位	检测条件	要求
密度		1900g/L	
胶凝时间	h	20℃	≤ 4
与混凝土的粘接强度	MPa	7d	干燥≥ 4 水下≥ 2.8
抗拉强度	MPa	7d	≥ 20
抗压强度	MPa	7d	≥ 85
抗折强度	MPa	7d	≥ 40
弹性模量	MPa	7d	1998 ～ 2180
抗冲击性	kJ/m^2	7d	2.5
延伸变形率	%	7d	2.5 ～ 3
抗冲磨强度（水下钢球法）	$h/(kg \cdot m^2)$	7d	1015
磨耗率（水下钢球法）	%	7d	0.04
不透水系数	$MPa \cdot h$（19.6）	7d	不透水
抗老化性能		优异	
耐化学腐蚀性能	NaOH	30%	不起泡、脱落、变色
	H_2SO_4	50%	不起泡、脱落、变色
	盐水	10%	不起泡、脱落、变色
毒性物质含量	挥发性有机物		无

2）施工要点

根据防护等级不同要求，设计厚度一般为 10 ～ 20mm，用量标准一般为 20kg/m²。自流平防腐砂浆施工，地面平面可采用倒入地面后按照一般地坪施工工艺抹平即可，立面施工时需要设立模板浇筑，以防止砂浆流坠。砂浆施工时需要振捣密实，施工完毕后 24 ～ 36h 进行脱模处理。砂浆涂层养护过程中，应避免受到踩踏、撞击及流水冲刷、冰冻、暴晒等。

4. 特种陶瓷防腐涂料

1）该涂料特性跟底涂相似，现仅就其性能指标加以描述。见表 13-12。

特种陶瓷防腐涂料性能表　　　　表 13-12

序号	性能指标		技术参数
1	颜色		灰色
2	相对密度（甲组分）		1.40 ～ 1.42
3	黏度（25℃）		A 组分 16000 ～ 18000cPa·s A、B 组分混合后 6000 ～ 8000cPa·s
4	VOC		＜ 60g/L 属无溶剂型
5	环保性	游离甲醛	未检出
6		甲苯	未检出
7		二甲苯	未检出
8		可溶性重金属（铅、镉、铬及汞等）	未检出
9	干燥时间（25℃）		表干 4 ～ 5h 实干 24h
10	耐温性		−20 ～ 160℃
11	耐磨		10mg
12	硬度（铅笔硬度）		4 ～ 5h
13	抗冲击性		1kg 钢球经 1m 高度自由落下，涂层表面不破裂（仅有凹痕）
14	耐蚀性 / 常温下		耐 85% 的浓硫酸
15			耐 37% 盐酸
16			耐 50% 的氢氧化钠和强溶剂
17	其他		可水下固化长期耐水和海水
18			涂层可通过 10000V 以上的电火花测试
19			良好的冲击（50kg/cm）和弯曲性（1mm）
20			多项性能指标优于无溶剂环氧体系

2）施工要点

根据防护等级不同要求，涂层设计厚度一般为 0.5 ～ 1.5mm，用量一般为 0.75 ～ 2.2kg/m²。用于金属结构层设计厚度一般在 0.5 ～ 1mm，用量一般为 0.75 ～ 1.5kg/m²。配合玻纤布胎基增强层，采用一布三涂工艺，能更大限度地提高涂层的各项综合性能。

13.18.4　废水处理池的防水设计

1. 特殊防护材料的使用

由于工业废水的特殊性，废水池的设计也应针对具体的工艺条件，选用适合的材料及施工工艺等，对不同浓度及温度的酸、碱、盐、油、有机溶剂、生物霉菌等具有良好的抗蚀性。

2. 严把原料质量关

混凝土材料的抗冻性、抗干缩、水化热较低，可根据工程特点选用，合理添加粉煤灰，严格控制粗、细骨料的含泥量；钢管和钢筋必须选用表面光滑、无锈蚀的材质。

3. 对池体防水细部的设计

在进行深基础与浅基础等容易发生裂缝、渗漏的地方，要充分考虑地基的沉降和结构的缺陷。由于污水池底部的高度一般都比地下水位低，所以在不同情况下，要考虑排水设施的设计。以确保在不同情况下，不会被地下水和雨水的蓄积所淹没。

13.18.5　结论

在我国环保工作的快速发展和国家可持续发展战略的推动下，提高其安全耐用度是目前各个产业所面临的重要问题。提高工业生产的安全性和可靠性，已成为各大工业生产企业必须考虑的问题。除了对现有的废水处理厂进行有效的管理和维修之外，还应对新建的废水处理厂的抗震、耐腐、防水等问题进行研究。在工程建设中，要从设计细节、原材料选用等方面进行控制，确保施工过程符合质量要求，从而使废水处理池的净化功能得到最大限度的发挥，为企业创造良好的经济效益和社会效益。

13.19　北京某别墅出现多样性渗漏，打好"组合拳"彻底治愈"顽疾"[①]

13.19.1　北京某别墅渗漏多年，亟待修缮

北京朝阳区某小区的一栋别墅，房龄大约有 10 年，主体为四层框架退台式叠层结构，负一层为地下室，屋面是 45°角的坡屋面。坡屋面采用的是聚乙烯丙纶卷材做防水设防，

① 唐灿[1]，罗永瑞[2]（1. 衡阳盛唐高科防水工程公司，衡阳市，421000；2. 海南鲁班建筑工程有限公司，海口市，510000）。

防水层上是 10cm 厚的聚苯板保温隔热层，保护层为 3cm 厚的钢板网水泥砂浆，面瓦采用钢架干挂陶质板瓦作为饰面层；坡屋面挑檐处下方，采用石材钢架干挂作为饰面造型与坡屋面檐口连接，石材造型外侧干挂铜质金属薄板天沟，同时作为檐口饰面；外墙迎水面采用 2cm 厚的水泥砂浆找坡，10cm 厚的聚苯板作为保温隔热层，保护层为 3cm 厚的钢板网水泥砂浆，外墙采用天然文化石铺贴作为饰面。由于该别墅结构较复杂，饰面节点较多，建造过程中防水密封措施不当，出现了多发性渗漏，经多次维修未见成效。业主经多方打听，联系到笔者公司，希望能尽快处理，解决困扰多年的渗漏问题。

13.19.2　现场勘察，别墅室内多处渗漏

笔者公司的技术人员随后前往现场进行渗漏勘察。

进入别墅室内先从背水面勘察，发现墙身大部分采用木质板材架空铺设饰面，在外墙内墙面可目测到渗漏水从墙根溢出的痕迹，局部区域呈带状分布（图 13-112），窗框四周有轻微的渗漏痕迹（图 13-113）。从局部未进行木质板材铺贴的临外墙墙体可以看到，不同区域的现浇结构梁柱与砌筑体结合部存在块状或带状渗漏痕迹，尤以墙根处渗漏更为严重。

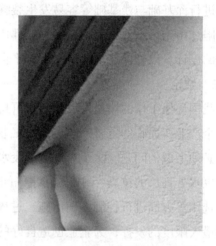

图 13-112　内墙墙根渗漏较严重　　图 13-113　窗套与墙体结合部有
渗漏痕迹

露台与室内地面结合区域，从门槛到室内渗漏非常严重（图 13-114），露台架空生态木地板下方空腔淤积严重（图 13-115），有可能堵塞了地漏排水系统，导致雨水存蓄较多。

随后，从外墙迎水面勘察，发现天沟石材造型檐口采用干挂工艺与坡屋面檐口圈梁安装于外墙主体上，石材造型与文化石结合部位存在大量片状或带状的渗漏痕迹，虽停雨多日，仍可目测到渗漏水外溢现象（图 13-116）。敲击墙体，可以判定外墙文化石

饰面层下为保温层，已存在较多脱空空腔。

图 13-114　露台门槛窜水渗漏严重

图 13-115　木地板架空层淤积严重

　　爬上坡屋面勘察，可目测到板瓦采用钢架干挂作为饰面，采用约 10cm 发泡聚氨酯保温层作为外保温层，局部瓦面有松脱破损或缺失迹象；天沟采用合金薄型板制作，L形泛水板空铺于坡屋面檐口，铜质金属天沟由于干挂件锚固于石材造型外侧，石材造型内部为空腔。坡屋面下方存在较大空腔，坡屋面老虎窗饰面石材部分松动、错台、张口（图 13-117）。

图 13-116　檐口空腔渗漏

图 13-117　天沟与外墙结合部渗漏
严重

　　一楼临外墙柜体背板存在渗漏污损痕迹，打开柜门可闻到严重的霉变潮气（图 13-118）。至迎水面勘察，可目测到文化石饰面砖根部存在地面塌陷迹象，文化石拼缝处勾缝灰浆不严（图 13-119）。

图 13-118　柜体背板因渗漏霉变

图 13-119　墙根部文化石拼缝张口

13.19.3　渗漏成因分析

结合现场勘察情况，笔者公司的技术人员分析，外墙渗漏的主要原因是坡屋面与天沟结合部位由于两类材质刚度差异较大，在结构徐变和温差形变应力释放时产生应力突变，造成该结合部位开裂较大。石材造型端口与屋面檐口结合部位存在120mm宽的接口，未与泛水板形成有效密封，雨水从此接口部位灌入石材造型空腔，沿外墙保温层顺墙逐层渗漏至一楼，属于典型的"一果多因"的渗漏类型，其主要的渗漏路径如下：

1）雨水从坡屋面保温层经泛水板下方窜水至天沟结合部张口处，再从石材空腔进入外墙保温层渗漏至室内。

2）天沟泛水板与屋面檐口主体未锚固及密封，雨水从张口处经石材空腔进入外墙保温层渗漏至室内。

3）天沟金属板与石材造型结合部位以及天沟金属板搭接处密封不严，雨水经石材空腔进入外墙保温层渗漏至室内。

4）外墙防水设防大部分失效，雨水在风压作用下经文化石拼接口进入外墙保温层蓄存，雨水气化后产生膨胀应力，从梁柱等现浇构造与砌筑墙结合部位渗漏至室内；部分雨水在风压作用下经窗框和门槛与墙体结合部的空腔渗漏至室内。

5）外墙根部防水设防缺失，地表降水在毛细作用下产生爬水现象，从墙体构造缺陷处渗入室内，造成柜体背板因渗漏霉变损坏。

6）露台排水不畅，在大雨时水容易蓄积于架空层，再从瓷砖铺贴砂浆层窜水至室内。

13.19.4　打好"组合拳"，综合治理渗漏"顽疾"

针对该渗漏成因，笔者公司的技术人员分析治理思路为：

1）坡屋面檐口天沟结合部位采用微创技术，由"封、堵、截、排"多种工艺结合多种材料组成"组合拳"治理体系，对外墙渗漏进行综合性系统治理。

2）外墙迎水面采用外防外涂法喷涂透明天冬聚脲封闭迎水面饰面层，结合聚合物胶泥勾缝，刚柔相济、多道设防，以达到"标本兼治、长防久固"的目标。

3）露台门槛渗漏采用微创技术，以截为主、以排为辅、防排结合，综合治理，彻底阻隔渗漏源、截断渗漏路径，达到一次治理、长期不漏的治理效果。

4）沿外墙四周开挖填土层至地下室现浇结构与砌筑墙体结合部，拆除外墙根部各间层至结构迎水面，采用丁腈聚合物砂浆抹压 20mm 厚，整体封闭破拆区域，施做刚性截水带，刷涂耐水性优良的聚脲防水层，阻断地表水的渗漏通道。

具体施工技术如下：

1. 屋面檐口与天沟结合部位渗漏治理

（1）地面设置安全警戒带、安全告知牌，坡屋面安装横向安全绳主缆，系挂防坠器及安全副缆，搭设外墙满堂红脚手架，叠层屋面区段搭设悬挑满堂红脚手架，外架挂设安全网，如图 13-120、图 13-121 所示。

图 13-120　搭脚手架　　　　　　　　图 13-121　系安全绳

（2）拆除屋檐与天沟结合部位的 3 块宽板瓦，拆除天沟金属泛水板（图 13-122），沿坡屋面檐口凿除 200mm 宽屋面构造各间层至屋面结构，凿毛基层刷涂无冷缝界面剂，施工丁腈聚合物砂浆截水带，阻断坡屋面保温层向天沟结合部位的渗漏路径。屋面檐口与石材造型结合部位缝口采用丁腈聚合物砂浆造型成规整的 30mm × 20mm 的

U形收缩缝槽口（图13-123），将基面打磨平整并除尘后（图13-124）嵌填Ⅱ型聚脲密封胶（图13-125）。

图13-122　拆除檐口板瓦及泛水板

图13-123　用丁腈砂浆给缝口塑型

图13-124　精细打磨修整缝口

图13-125　塑型缝口嵌缝密封

（3）自坡屋面保温层拆除的断面至石材结合部，采用丁腈聚合物砂浆修补找坡成顺水坡面，待丁腈聚合物砂浆表固后刷涂固面剂（图13-126），确保修复区段无积水，兼做修复防水层的保护层；坡屋面原防水层用梯处至石材造型压顶，采用"一布三涂"聚脲施作防水层，确保修复区域构成完整连续的耐久防水构造（图13-127）。

（4）清理金属天沟内侧立板与屋面檐口结合部张口处的渣块及污物（图13-128），嵌填PE背衬棒挤紧并约束缝口深度，与缝口成1∶2的规整缝口，采用Ⅱ型聚脲密封胶将缝口嵌填密实（图13-129），嵌缝胶表干后采用"一布两涂"聚脲盖缝，将天沟与截水带连接为耐久性优良的柔性抗裂构造。

图 13-126　涂刷固面剂

图 13-127　"一布三涂"聚脲构
造密封

图 13-128　清理檐口渣块

图 13-129　天沟与石材结合部
嵌缝

（5）剔除天沟与石材造型结合部位以及天沟金属板搭接缝失效的密封胶，采用外露型、性能优异的 MS 密封胶将缝口嵌填密封。

（6）清理天沟淤积杂物，疏通排水管，确保天沟排水通畅。由于天沟设计仅约10cm 宽，降雨量较大时排水不及时，雨水会外溢，因此在排水管以外适当处增设直排式排水口，增大天沟排水的泄渍功能。

（7）修复屋面破损部位及缺失板瓦，在修复处进行淋水试验，确保不渗漏后，拆除横向安全绳及警示隔离设施。

2. 窗套渗漏治理

（1）沿窗框内套铝合金与墙体结合部位间距 150～200mm 宽，斜向钻孔至墙体厚度 2/3 深处，采用微创注浆工艺，低压徐灌高强、高弹的Ⅰ型聚脲注浆液（图 13-

130），在窗框结合部位再造止水带，截断窜水通道。

（2）在窗套下的挡水条钻泄水孔（图13-131），清理窗框积尘，采用耐候密封胶勾填榫口及螺钉孔，密实各节点构造。

图13-130　窗框灌注聚脲注　　　图13-131　窗框下挡水条钻
浆液　　　　　　　　　　　　　孔泄水

（3）窗套外套石材造型拼缝采用丁腈聚合物胶泥勾填密实（图13-132），窗套下方坡屋面板瓦与墙面结合部位清除酥松，刷涂固面剂固结基面，采用丁腈聚合物胶泥勾填密实。铲除窗框下方室内泛碱起皮的腻子层，刷涂基层固面剂固结基面，分两遍刮涂2mm厚背水涂抗渗层（图13-133）。

图13-132　窗套密封胶密封　　　图13-133　刮涂背水涂抗渗层

3. 外墙迎水面渗漏治理

（1）施工区域外围设置安全警示带及安全告知牌，安装高空作业安全绳，安全员全程旁站。

（2）查询天气预报，确认24h内无降雨时，操作技工铺设好防护隔离膜（图13-134），做好安全防护措施，使用丁腈聚合物胶泥将外墙文化石饰面砖拼缝勾填密实

（图 13-135）。

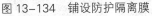
图 13-134　铺设防护隔离膜　　　图 13-135　外墙文化石胶泥嵌缝

（3）确认勾缝胶泥表干后，高压冲洗去除饰面层的灰尘及污渍，表干后喷涂专用固面剂固结基面。

（4）高压无气喷涂机自上而下从外墙上端喷涂第一道亮光型高强透明天冬聚脲防水涂料（图 13-136），要求操作工连续作业，地面配料人员与高空作业人员紧密配合，施工中途不得间断作业，确保涂层均匀涂布，无漏涂和流挂现象。

（5）第 1 道喷涂表干后，连续喷涂第 2 遍亚光型耐候性能优良的透明天冬聚脲防水涂料（图 13-137），要求涂层喷涂均匀，与第一层喷涂方向交叉涂布，以确保涂层均匀、密实。

图 13-136　喷涂第 1 遍天冬聚脲　　　图 13-137　喷涂第 2 遍天冬聚脲
　　　　　　防水涂料　　　　　　　　　　　　　防水涂料

（6）外墙透明天冬聚脲防水涂料涂层表干后，可在外墙饰面层形成一道完全透明、具有自洁功能的外露型长效防水层，相当于给外墙穿上了一件密闭性雨衣。

4. 露台与门槛结合部位窜水渗漏治理

（1）局部拆除露台生态木地板，清理淤积杂物，疏通排水确保露台不积水，冲洗架空层基面至干净无存留，必要时重新找坡或增加排水功能。

（2）掏空地砖外沿铺贴砂浆 30mm 宽（图 13-138），置换自愈型丁腈聚合物砂浆嵌填密实，施做刚性截水带（图 13-139）。

图 13-138　掏空门槛石下方　　　　图 13-139　抹压丁腈砂浆刚
　　　　窜水砂浆　　　　　　　　　　　　　性截水带

（3）采用薄型切割片手提角磨机将地砖拼缝切开至瓷砖与砂浆结合部位，灌注免砸砖修复液密实铺贴砂浆层，确认修复液在缝口浸润饱满后，将残液扫除清理干净，采用丁腈聚合物胶泥将缝口嵌填密实。

（4）沿门槛结合部地砖间距 200～300mm 宽点阵式梅花状布孔，采用双液钨钢泵小型化学注浆机，低压徐徐灌入无机渗透结晶注浆液（图 13-140），在门槛处施做隐形截水带（图 13-141），阻断砂浆层窜水渗漏至室内的渗漏路径。拆除止水针头，采用丁晴胶泥封孔后，待胶泥表固，施做"一布两涂"聚脲防水层。

图 13-140　灌注无机渗透结晶　　　　图 13-141　刷涂聚脲防水层
　　　　型注浆液

（5）淋水或闭水试验确认无渗漏后，修复拆除的生态木地板，清理施工现场，撤出施工机具及材料，做到工完、料净、场清。

5.外墙根部渗漏治理

（1）沿外墙四周挖出墙根空铺装饰卵石及回填土，直至砌筑体与地下室现浇结合部位完全显露出来。自墙根上反 500mm 高逐层凿去外墙各间层至砌筑体，打磨去除浮尘残渣。

（2）沿现浇结构与砌筑结构结合部间距 300mm 钻孔至结构厚度 2/3 深布设注浆孔，低压徐灌聚脲注浆液密实结合部内部渗漏通道。

（3）涂刷一道无冷缝界面剂，采用丁腈聚合物砂浆抹压 20mm 厚施工刚性截水带，阻断地面填土层的毛细作用通道。

（4）确认丁腈聚合物砂浆干固后，刷涂一道 2mm 厚聚脲防水层，逐层修复外墙保温层、保护层和饰面层。

13.19.5 结语

在各类结构复杂、节点较多的建筑物渗漏治理中，需要做到足够专业、耐心、细心。在勘察过程中，应依据结构形式对渗漏源反复甄别，根据构造的具体组合特征确定渗漏路径，精准判定渗漏成因，以此制定出系统的治理方案。根据工程实况及客户需求，选择适用性的材料、合理的工艺、精细的工法，对需要修复的部位进行综合性治理，才能满足客户的高标准要求，达到长防久固、标本兼治的目标。

13.20 高渗透环氧防护新材料在防水防腐与修缮治理工程中的应用[①]

13.20.1 高渗透环氧防护新材料的优点和性能

混凝土是具有多孔结构的材料，大部分腐蚀因子如氯离子等可通过其中的孔隙渗入其内部，从而加速了其腐蚀。目前，国内外大多数的混凝土防护材料都不具有渗入性，仅在混凝土表面形成涂层。由于涂层与混凝土的热膨胀系数的差别，当温度变化时，在界面形成应力集中，并因此使涂层产生疲劳老化，从而造成界面破坏、起皮、脱落；另

---

① 刘宇、叶林宏、叶强，广州永科新材料科技有限公司。刘宇，华南理工大学硕士毕业，多年来从事高渗透环氧材料的研究与应用工作，开发出环保型高渗透环氧材料等多个系列的产品，并申请多项专利。相关产品应用于水利水电、高铁、地铁、桥梁、隧道、军港码头、污水处理、文物保护及民用工程中广泛应用并获得一致赞誉。荣获教育部高等学校科学研究优秀成果奖，广东省涂料行业协会科学技术奖等荣誉，现任广州永科新材料科技有限公司研发总监。

一方面，非渗入型防护材料仅在混凝土表面形成几十至几百微米的防护层，一旦某一部位被腐蚀因子破坏，腐蚀因子将沿着混凝土内部纵向和横向的毛细管道和微孔隙迅速蔓延，并不断腐蚀内部结构，同时，腐蚀因子也极易从涂层破坏处沿着涂层和混凝土的界面进行腐蚀，造成整个涂层破坏、起皮、脱落，形成更大面积的薄弱部位。因而，它们无法满足严酷服役环境的防护要求。

而高渗透环氧防护新材料是对现有防水防腐和修缮材料的一项革命性变革，它改变了现有传统的防水防腐和修缮材料只能在混凝土表面成膜的单一外防模式。非渗透型防护材料只能在混凝土表面成膜，仅仅起到外防的作用；而高渗透环氧防护新材料不仅能在混凝土表面成膜起到外防的作用，还能渗入其中一定的深度，经填充→反应→固化后形成固结增强层，形成一道内防体系，还能消除混凝土多孔介质所固有的毛细管道、微孔隙以及表面可能存在的微细裂纹，从而使水和其他液体腐蚀介质不能渗入混凝土，甚至连空气中的 SO_2、CO_2 等腐蚀气体也不能进入混凝土，起到内外联防、立体联防的功效；此外，因充填于毛细管道和微孔隙中的材料固结体强度高于混凝土自身的强度，从而使固结增强层的强度比原混凝土强度提高 30%以上，犹如在混凝土上增加了一道装甲层，这层盔甲的作用是使混凝土实现防水、防腐、抗开裂、抗穿刺、抗冲磨、抗冻融、消除界面应力集中这 7 大功能。而这些功能对混凝土的防护作用最终还体现在防护的耐久性上，使防护效果和耐久性大大提高。

对于化灌领域，我们的高渗透环氧防护新材料能灌入渗透系数 $k=10^{-8} \sim 10^{-6}$cm/s 的泥化夹层，材料的初始黏度低，在各种岩石、土壤和混凝土界面上铺展性强，渗透性极佳，可操作时间可控性好，可以处理小到纳米级的裂缝。同时，后期力学强度增加快，注浆体具有粘接强度特别是湿粘接强度高，柔韧性、耐老化性和耐久性好的特点，体现了高渗透性、高粘接性和高耐久性三大核心技术优势。不需要传统的开挖后再回填钢筋混凝土这种既费时、投资又大的方法，以原位灌浆这种简单的原位加固形式以替代传统开挖回填方法，实现了由破裂的"土"质变为坚固的"岩"质，为建坝或者混凝土结构缺陷修复节省大量的资金和工期。

本团队所开发的高渗透环氧防护新材料包括几大类：高渗透改性环氧防腐防水涂料；无溶剂环氧树脂防腐防水涂料；高渗透改性环氧化学灌浆材料；快固化型多功能环氧材料（涂料、灌浆修复用）；止水补强环氧灌浆材料。具有如下性能特点：

（1）优异的高渗透性；

（2）优异的综合性能（防水、防腐、抗开裂、抗穿刺、抗冲磨、抗冻融、消除界面应力集中）；

（3）长效的耐久性；

（4）可以在防腐防水和修复加固的同时起到界面胶粘剂的作用；

（5）具有局部的亲水性和整体的排水性：能将含水泥层中的水排走而取而代之，能用于有水的基岩裂缝和混凝土裂缝的灌浆止水补强；

（6）优异的施工性能；

（7）环保性好；

（8）性价比优良：本产品渗透性、湿粘接性能均高于国内外产品，价格仅为国外同品质产品价格的 1/2。见表 13-13、表 13-14。

YK-1H 高渗透改性环氧防腐防水涂料性能指标　　　表 13-13

序号	试验项目	性能指标
1	固体含量	69%
2	初始黏度	≤ 30mPa·s
3	柔韧性	涂层无开裂
4	粘接强度（干基面）	5.0MPa
5	粘接强度（潮湿基面）	3.5MPa
6	粘接强度（浸水处理）	4.2MPa
7	粘接强度（热处理）	4.7MPa
8	涂层抗渗压力	1.1MPa
9	抗冻性	涂层无开裂、起皮、剥落
10	耐酸性	涂层无开裂、起皮、剥落
11	耐碱性	涂层无开裂、起皮、剥落
12	耐盐性	涂层无开裂、起皮、剥落
13	抗冲击性（落球法）	涂层无开裂、脱落
14	渗透性	> 2mm

检验标准：《环氧树脂防水涂料》JC/T 2217—2014

YK-3H　高渗透改性环氧化学灌浆材料性能指标　　　表 13-14

序号	试验项目	性能指标
1	浆液密度	1.13
2	初始黏度	≤ 30mPa·s
3	可操作时间	330min

序号	试验项目	性能指标
4	抗压强度	85MPa
5	拉伸剪切强度	13MPa
6	抗拉强度	20MPa
7	粘接强度（干粘接）	4.5MPa
8	粘接强度（湿粘接）	3.6MPa
9	抗渗压力	1.3MPa
10	抗渗压力比	433%

检验标准：《混凝土裂缝用环氧树脂灌浆材料》JC/T 1041—2007

13.20.2 高渗透环氧防护新材料的应用

1. 新建工程防水防腐领域的应用

在防水防腐材料的领域，国外使用环氧树脂材料较早，20世纪90年代，德国桥面防水淘汰了改性沥青冷底子油而使用环氧树脂作底涂，与SBS卷材组成复合防水体系并制定了ZTV标准，2009年该标准升级为欧洲标准。

国内在水电方面，20世纪80年代初，在青铜峡电站大坝廊道，也曾将环氧树脂做成腻子涂刷在渗水面上，解决了廊道的渗水问题。但长期以来应用的涂料均是非渗入型的环氧防护涂料，而随着我们的研发团队在国内首创的高渗透改性环氧防水涂料产品面市，填补了国内空白，为国内防水涂料产品增添了一个新品种。当年就用于广州地铁4号线高架路段桥面，替代渗透结晶型防水涂料与高分子自粘卷材组成复合防水体系，取得了超于预期的效果。与原来使用的水泥基渗透结晶型防水涂料相比，不仅节省了大量投资，还大大节省了工期，确保了准时通车，得到了业主、设计、监理、施工各方的一致赞誉。随后，我们与华南理工大学合作，进一步完善高渗透改性环氧产品，发展了针对各种工程性能可控的系列高渗透改性环氧材料，并不断升级产品配方和性能，并应用于多种工程领域。

1）地铁和隧道工程领域的应用

主要包括两个方面：（1）地铁高架桥面、明挖车站顶板、大开挖地段顶板与侧墙的防水与防腐，均采用了高渗透环氧防护新材料 + 高分子自粘卷材复合防水模式；（2）盾构管片的防腐：采用高渗透环氧防护新材料作管片防腐涂料，效果优异，耐久性极佳，施工面积已达数千万 m²，如图 13-142 所示。

图 13-142　高渗透环氧在地铁盾构管片防腐中的应用

2）水电大坝立面封护与输水干渠防水、抗冲磨工程

本材料为大坝迎水面的聚脲封闭的最佳底涂，大坝目前普遍使用的是聚脲 + 高渗透环氧底涂来实施复合式防水抗渗。其要求湿粘接强度大于 3.0MPa，所以 80% 以上环氧底涂达不到这一要求。而我们的高渗透环氧防护新材料可以达到 3.5MPa 以上，并且无须抛丸，省工、省时。

此外，过水廊道壁渗水的综合治理，仅用高渗透环氧防护新材料一种材料能达到既可以止水又可以补强这两种功能。而且可水中固化，且固化速度适中，既可以留给施工人员足够的施工操作时间，同时可以起到止水堵漏的作用；黏度较低，即可在低灌浆压力下进入较细小的结构裂缝中，有利于施工方便及修复水泥灌浆等高黏度粗颗粒灌浆无法修复的裂缝；力学强度高，韧性好，抗冻融、耐老化性和耐腐蚀性极佳，如图 13-143、图 13-144 所示。

图 13-143　都江堰输水干渠施工现场　　　　图 13-144　李家峡水电站施工现场

3）高速公路桥面、桥墩、防撞墙的防水防腐

桥面防水：常采用高渗透环氧防护新材料做桥面防水基层处理剂 + 改性沥青材料；防撞墙和桥墩的防水防腐：常采用高渗透环氧防护新材料 + 无溶剂环氧材料 + 耐候面

漆方案。防护效果优良，后在湖北黄冈长江大桥、沈阳二环高速都使用了该方案，不仅防水效果好，还解决了桥面在养护过程中出现的网状裂缝缺陷的修复补强问题，如图13-145、图13-146所示。

图 13-145 沈阳二环高速施工现场

图 13-146 辽宁兴城大桥施工现场

4）污水处理池防腐

从传统意义上讲，污水处理池的防腐蚀，在设计上目前较普遍采用的以树脂类玻璃钢为主导，或以树脂类涂料为主导，根据腐蚀的严重程度，决定其选材与厚度。但上述两类典型的污水池防腐处理存在的缺陷在于：

（1）没有考虑污水池混凝土结构本身的内防措施，倚重于防腐蚀材料的外防体系。因为混凝土多孔结构的属性，决定了其先天条件上不具备抗衡外部环境中各种腐蚀介质侵袭的能力。一旦防护体系出现局部失效，混凝土都将暴露在腐蚀因子的侵蚀下遭受导致严重的腐蚀破坏以至结构损毁。

（2）结构外的防护体系本身的防腐能力满足防腐设计的要求，但没有考虑界面粘接效果，在实际工程应用中极易出现界面粘接破坏和脱落的情况，包括涂层的脱层和树脂类环璃钢的脱壳。这样，使外防体系失去防护作用，混凝土在失去设防的情况下遭受导致严重的腐蚀破坏以至结构损毁。

而高渗透改性环氧防腐防水涂料，可以在无压力状况下深层次渗入混凝土结构内部2～10mm，这一特别的功能使混凝土防腐蚀的"结构内防"从不可能变为了可能。在污水池防腐蚀的应用，主要优势有以下两个方面：

①改变了传统的污水池单纯"外防"式，改为"外防+内防"的双重联防式。有效防护厚度提高3倍以上。

②改变了传统的外防体系与混凝土结构之间的结合方式，外防涂层或玻璃钢防腐内衬，由传统的贴膜附着方式，变为嵌入植根方式，最大限度地实现了外防体系与结构体之间的融入和一体化，解决了分层脱壳的"老大难"问题，如图13-147、图13-148所示。

图 13-147　广州电镀厂污水处理池应用　　　图 13-148　广州从化污水池应用

5）民用建筑的防水领域

对于多层建筑，防水层采用高渗透环氧，同时起到渗入 - 封闭 - 固结的多功能全面防水的作用。

对于高层建筑，则防水层采用高渗透环氧上再添加卷材或柔性涂料这种刚柔结合的复合防水模式。其中，高渗透环氧，除了起到渗入—封闭—固结的多种功能外，还起到上层材料的高性能界面胶粘剂的作用。

对于室内防水方面，可以与地坪涂料配合，具有长效防水、防腐、增强混凝土表面强度与提高中涂层粘接力的功能，可作为地坪涂料底漆，用于停车场、运动场、试验室、仓库、厂房等地坪涂料的配套施工。

屋面防水工程的应用如图 13-149 所示，地坪工程的应用如图 13-150 所示。

图 13-149　屋面防水工程的应用　　　图 13-150　地坪工程的应用

2. 修缮治理工程中的应用

在地下工程与隧道工程施工中，由于施工环境和地质环境复杂、地下水压力大等原因，存在大量的渗水甚至涌水的状况，严重影响着建筑物的安全，因此，建筑物的止水堵漏和补强加固问题就成了重要但却棘手的问题。

在施工过程中使用的止水堵漏材料，既要兼顾止水堵漏功能，也要具备加固补强功能，尤其是有动态水压力情况下的渗水涌水情况。这样，才能满足地下工程与隧道工程的要求。

对有压力的冒水基岩裂缝与混凝土裂缝进行堵水补强，现有的灌浆材料不大理想，聚氨酯过去常在地铁隧道用于堵水，刚堵完时效果还不错，但因浆材与裂缝壁之间的粘接强度差，在水压变化情况下，时间不久就会脱开出现复漏，短的一两个月，长的也就三年左右，耐久性差；更主要的是聚氨酯固化后是弹性体，抗压、抗剪强度差，只能堵水不能补强，所以各地地铁工程都陆续发文禁止使用聚氨酯堵水补强。

为此，我们从环氧树脂的反应动力学出发，通过选用固化速度适中的环保型活性稀释剂和固化剂，调试得到可在水中 15 ～ 30min 固化的低黏度环氧堵水浆材。该种环氧堵水浆材具有如下优点：

1）可水中固化，且固化速度适中（室温空气中 15min 内固化，水中 30min 固化），既可以留给施工人员足够的施工操作时间，同时可以起到止水堵漏的作用；

2）黏度较低，即可在低灌浆压力下进入较细小的结构裂缝中，有利于施工方便及修复水泥灌浆等高黏度粗颗粒灌浆无法修复的裂缝；

3）环保、低气味，有利于环境保护和施工操作。目前，该产品已在部分工程中应用。

而对于干燥条件下的混凝土裂缝的修复，则高渗透混凝土防护新材料的优异性能无可替代，在各种岩石、土层和混凝土界面上铺展性强，渗透性极好，可以处理小到纳米级的裂缝。同时，后期力学强度增加快，注浆体粘接强度特别是湿粘接强度高，柔韧性、耐老化性和耐久性能好的特点，体现了高渗透性、高粘接性和高耐久性三大核心技术优势。以原位灌浆这种既简单同时具有修复后高强度的原位加固方式，为混凝土结构缺陷修复节省大量的资金和工期。其中，对于混凝土结构的表面裂缝（非深层裂缝或贯穿裂缝），可通过直接涂刷高渗透环氧材料，材料具有优异的渗入性能，能自渗入裂缝中将其修复；或开 0.5cm 宽度的 V 形槽，将高渗透环氧直接倒入槽中，待材料自渗入裂缝中将其修复；对于贯穿性裂缝，采用高渗透环氧灌浆材料进行注浆修复。对于表面坑洞、蜂窝等缺陷，可在高渗透环氧材料加入适量水泥或细沙，混合均匀后直接填充于缺陷中。武汉某大楼地下停车场修缮施工如图 13-151 所示，深圳某地铁灌浆补强现场如图 13-152 所示。

图 13-151 武汉某大楼地下停车场修缮施工

图 13-152 深圳某地铁灌浆补强现场

13.20.3　结语

随着国家对建设工程的质量和耐久性越来越重视，因而对混凝土结构的防护要求也越来越高。同时，随着过去几十年经济发展伴随的大量的建筑物及房屋到达修缮期，也产生了大量的建筑物补强加固和修缮的需求。这对于从事混凝土防护材料研发、生产、销售的企业是一种挑战，更是一种机遇。

回顾我们的研发团队走过的路，坚持科技创新，始终坚持以下宗旨，产品技术性能指标国内外一流，施工方便，环保要求符合国内外标准，价格适中，性价比高，做好服务，确保工程质量，力争为建筑物的健康和耐久性贡献自己的力量。

13.21　"五管两网一膜法"网架施工临时作业平台 [①]

13.21.1　前言

钢结构网架结构是目前较为常见的一种大型、大跨度的屋盖形式，应用于各类文体场馆与商贸市场等建（构）筑物。网架本体主要包括上弦、下弦、腹杆、螺栓球构件等，其屋盖体系还包括檩条、天沟、屋面瓦等构件，上述构件均为金属材质。在使用过程中因锈蚀、涂层脱落、污损、漏水等，产生如防水补漏、防腐涂装、安装维护等施工作业需求。网架内施工，最大的难点为施工临时作业平台的搭设，本文通过实际案例应用总结归纳了一种名为"五管两网一膜法"网架施工临时作业平台及安全文明措施的搭设方法，以期为类似结构施工作业提供有益的借鉴。

13.21.2　网架施工临时作业平台及安全文明措施搭设的主要需求特征

网架内的施工作业面与地面通常有较大高度差，而网架杆件间距大，无法站人或置物，且网架内施工过程中将产生灰尘、杂物、零星物料等坠落至地面，需要搭设安全可靠的施工临时作业平台，供施工人员作业、物料放置，还需搭设安全网等安全保护措施以及防尘膜等防护措施。其主要需求特征如下：

1）安全可靠、轻质、高强，能尽量减少施工作业人员高处作业所产生的心理恐惧感，既要确保施工区域范围各方人身财产安全，又要能确保施工任务实施的效率和质量。

2）避免对环境造成污染，对地面及网架作业面下方的立体空间形成保护，比如喷涂过程中会产生飞溅物。

3）投入的费用适宜，便于循环利用，便于搭设、拆卸、移动，适应大型施工作业项目分段施工时周转使用。

---

① 周义，湖南深度防水防腐保温工程有限公司总经理。

4）不得对网架涂层产生破坏和其他不利影响等。

13.21.3 基本搭设程序

人员、材料、机械、警戒、通信及安全措施到位→升降车就位→方管上架并固定→网片上架并固定→安全网上架并固定→彩条布上架并固定。

13.21.4 搭设要求及要点

1. 登高设备

网架结构施工作业人员通常无法直接到达施工作业面，需要借助登高设备。登高设备采用电动升降车较为经济，但施工过程中需要移动时要降落至安全高度，因此升降动作频率高。其他设备如举臂车，虽然移动效率相对高，但租赁费用也相对较高，需要根据施工实际情况选用。

2. 方管搭设

1）方管采用长 6m、规格 50mm×100mm 的镀锌方管，不宜采用螺栓、套管、绑扎或焊接连接的方管以及变形、开裂、破损等存在质量缺陷的材料。

2）方管表面包覆保护膜，一方面保护方管不被污染，可再循环利用；另一方面，保护方管与下弦杆件接触部位的涂层不被破坏。

3）方管质轻，便于搭拆和传递；竖向置于杆件上强度高，且长度能横跨 2～3 个网格；每个网格间架设方管 5～6 根，间距＜400mm，端头伸出下弦杆件长度应＞200mm 且两边端头留出的长度宜对称或呈相互补充的规律状，并将方管与下弦搭接部位用钢丝交叉绑扎牢固。

3. 网片搭设

1）网片采用 $\phi4@40mm×40mm$ 的 1m×2m 规格镀锌钢丝网片，该网片质轻且孔径适中，作业人员直接踩在上面不易变形、不硌脚，还能避免工具、物料掉落，即使被物料污染，也可不必进行表面处理。

2）网片搭设时留有 100～200mm 宽度搭接，加强边角部位强度，以免行走、站立过程中踩踏变形而挂伤脚部、腿部。

3）网片与方管、下弦搭接部位用钢丝交叉绑扎牢固，具体间距视实际需要确定，但一张网片上的绑扎点至少 4 个，而且搭接部位宜有绑扎点。

4）方管与网片组合形成的临时作业平台应铺满计划作业区域，邻边等关键部位还需采取加强、上翻措施，经相关人员验收确认后方可上人，上人过程和作业过程中作业人员应全程系挂安全带。

4. 防坠网搭设

1）安全网搭设应搭接严密、牢固，外观整齐，网内不得存留杂物。

　　2）安装时每根绳子都要系在杆件上，四角、主要受力的绳子应系在球节点上，安全网的边沿应与杆件紧贴，打结的时候要必须保证结实牢固。

　　3）菱形或方形网目的安全网，其网目连长不大于 80mm，边绳与网体连接必须牢固，平网边绳断裂强力不得小于 7000N；立网边绳断裂张力不得小于 3000N。

　　4）安全网不得损坏和腐朽，不得采用易燃材质，安装完成应重点检查网绳、边绳、系绳等安装情况。

　　5）平网的支撑点间距宜根据下弦间距确定。

　　6）平网的外边沿应明显高于内边沿 500～600mm。

　　7）系绳沿网边均匀分布，相邻两系绳间距应符合规定，长度不小于 0.8m。当筋强、系绳合一使用时，系绳部分必须加长，且与边长系紧后，再折回边绳系紧，至少形成双根。

　　8）筋绳分布应合理，平网上两根相邻筋绳的距离不小于 300mm，筋绳的断裂强力不大于 3000N。

　　9）网体断裂强力，应符合相应的产品标准。

　　10）安全网所有节点必须固定。

　　11）按安全网冲击试验方式试验。

　　12）支搭的平网直至无高处作业时，方可拆除。

　　5. 彩条布搭设

　　1）彩条布不宜选用尺寸过大的规格，以免有风时容易脱落或将杂物从边沿翻出。

　　2）彩条布四角分别固定在下弦球节点处，如尺寸过大，间距不匹配，可裁剪彩条布，中间部位应加设固定点。

　　3）彩条布挂设应搭接严密、牢固、外观整齐，布内杂物定时清理，以免过重而脱落。

　　4）彩条布和安全网挂设时应避开网架下方的灯具与消防等设施。

　　6. 其他相关要求

　　1）施工作业平台分区一次性搭设完成，作业过程中严禁随意拆除。

　　2）拆除时按自上而下、先支后拆施工顺序，严禁上下同时拆除。拆除过程中严禁直接往地面抛掷。

　　3）操作平台严禁超荷使用，平台上禁止堆放超过半天的材料用量，一个网格中只允许一人操作，也只允许一人悬挂安全带。一人随身携带的物料不宜超过 5kg，盛涂料的桶不能超过半桶，打磨工具采用挂带挂在身上，一人只能随身携带一把。

　　4）严禁在操作平台上配料，所有工具、材料配置后由升降车提供给施工作业人员。严禁施工作业人员在操作平台上用绳吊料及工具。用料频繁或升降车地面行走限制时，可允许在经确认的安全位置（如立柱承台旁）设置滑轮由地面人员往上运料。

5）操作平台下方严禁站人，无关人员与操作平台的垂直投影面边缘保持6m以上距离。

6）操作平台上禁止搭接、绑扎无关物品、管道、电线等，架设的电源、管道、通风照明设施等应重点检查是否固定牢固且无漏电等安全隐患。

7）严格遵守高处作业、动火作业、临时用电及施工作业平台搭设等规定。

13.21.5　结语

高处作业施工风险大，项目全体成员均应保持高度的安全意识，所有程序严格按照经审批确认的施工方案实施与验收。施工前应做好安全技术交底、查验作业人员上岗证件、检查机械设备和防护措施的安全状态等准备工作，实施过程中发现的各种隐患应及时报告并消除，避免安全事故的发生。

13.22　南昌象湖隧道渗漏治理修缮技术 [①]

13.22.1　工程概况

象湖隧道位于南昌市象湖湖底，属于城市湖底下穿隧道，西起子羽路，东至迎宾大道，全长2.7km。设计为双向六车道，道路等级为城市主干路。该隧道于2016年竣工通车。随着运行时间增长，隧道内出现设施破损、老化、渗水等问题，影响象湖隧道安全和整体通行环境。隧道处于象湖湖底以下，由于水压大、地势落差大、防水设施老化严重、地质条件复杂等，隧道内部渗漏水现象明显，渗水滴水范围和水量均较大，特别是隧道底板部位，雨季渗漏水现象十分明显，部分渗漏点已连成片。多处形成明显水流并带有泥沙，已影响隧道交通正常运行，如不及时治理将影响隧道结构安全。

13.22.2　目前渗漏状况

1. 隧道基面病害表征

1）沥青表面局部强度降低、粉化，出现碎片化渗水裂缝，沉降缝止水功能基本丧失，出现冒水现象。

2）渗漏区域超过30%。

3）隧道上面湖水水量大，相对承压高，隧道体外储水透过施工缝或裂缝流进隧道，水体溶解混凝土内部钙化物导致离析出白色晶体，长期如此会降低混凝土和钢筋功能寿命。现场状况如图13-153所示。

4）据目测渗漏部位部分已被治理，治理材料有多种，目测隧道病害部位有多种堵

---

① 文忠，北京卓越金控高科技有限公司。

漏工艺体现，且未见明显效果，目前采用镶嵌挡板导流防止渗漏影响通行。

5）渗漏部位混凝土强度未测试，目测未见疏松、空鼓，局部被原来治理材料所污染现象。

6）隧道每隔 20m 左右留有伸缩缝，防止隧道结构变形开裂。目前部分施工缝原有防水功能基本失效，漏水现象相对严重（图 13-154）。据目测伸缩缝渗漏部位已被治理多次，有些区域已经被破坏。人行道和侧墙之间的部分施工缝渗漏严重。

图 13-153　现场状况

图 13-154　现场勘察

7）底板渗漏：局部底板出现孔洞、冒水，水量不大，水质清澈，未见污染。

2. 该隧道病害治理风险提示

1）隧道渗漏已经多年，经过多次治理未见成效，渗漏部位已经被破坏，出现管涌可能性增大。施工时要增加处理管涌预案，增加管涌预案所需设备和材料费用较大。

2）施工区域窄小、潮湿，延缓施工进度。

3）隧道内部各种线缆比较杂乱，必须与电力、通信部门对接；否则，施工过程中很可能会破坏线缆，导致其他病害。

13.22.3 裂缝渗漏治理修缮方案

1. 务必通过动态研究，得出渗漏原因。

2. 充分考虑持久粘接。

3. 模量是材料选择时务必优先考量。

4. 根据不同工况选择不同材料与施工工艺同步进行是持久抗渗的充要条件。

5. 动态变形缝绝对不能采用刚性材料，否则会引起结构变形开裂，导致建筑的更大灾害。

6. 无论设计施工工艺还是选择材料，保证5年以上功能寿命达到持久止漏是基本要求。

13.22.4 隧道渗漏区域局部维修施工方案

1. 钻孔注浆

1）钻孔打透混凝土结构（14mm 直径）。

2）埋设四分（0.5in，12.7mm）注浆管。

3）连接注浆泵。

4）混合 WZ9908 聚合物地下空间专用注浆料。

5）调整注浆压力。

6）将搅拌均匀后 WZ9908 输入专用灌浆机，低压慢灌。

7）灌浆完毕清理现场。

2. 隧道内表面抗渗加固

1）清理混凝土表面粉化层及离析物。

2）采用活性硅醇官能团对表面进行加固处理。

3）涂刷 WZ-9901 抗渗抗脱皮涂料抗渗层。

13.22.5 渗漏治理施工操作要点

1. 伸缩缝 / 施工缝渗漏治理施工步骤

1）清理缝内所有原有注浆材料和杂物。

2）用电动打磨机将两边基面打磨清理，并用吸尘机将基面上的粉尘清理干净。

3）采用 WZ-1016 再造防水层专用密封胶对基面表面进行加固抗渗处理。

4）采用 WZ-8109 特种加固剂对缝隙进行重新塑型。

5）填塞 WZ-1019 伸缩缝专用柔性密封胶，保证填塞深度不低于 5cm 左右。

6）WZ-1019 伸缩缝专用柔性密封胶填塞完毕，采用 WZ-1013 弹性密封胶进行二次密封找平，涂覆深度不低于 5cm。

7）在 WZ-1013 弹性密封胶层上贴一层玻璃纤维布作为保护层。

8）涂刷 WZ9901 抗渗抗脱皮涂料。

9）全部工序完毕后，清理现场，清扫施工区域，确认施工区域干净整洁后，填写完工单上交主管验收。见图 13-155。

图 13-155　施工缝修缮

2. 伸缩缝 / 施工缝渗漏维修应遵循的原则

1）施工工艺采用弹性和柔性相结合的原则，抵抗过程中高低频振动扰动及热胀冷缩对渗漏部位的破坏。

2）材料选择应该采用物理粘接和化学粘接相结合的原则 – 针对渗漏部位工况环境复杂，对粘接要求非常高，同时要抵抗高低温蠕变。

3）施工过程中必须遵循安全和效率兼顾的原则。由于施工环境复杂且要架空作业，在务必保证安全的情况下再追求生产效率，不得盲目施工，导致安全事故。

4）施工后遵循细查检漏的原则，避免施工时间短、速度快，导致细节部位不踏实，工具、配件等遗漏工地等不利因素。

13.22.6　修缮效果

已经通过甲方验收，并获得表扬。截至目前差不多已通车半年，未见复渗。多方人员现场检测验收，如图 13-156 所示。

图 13-156　众多人员现场验收

13.23 某地铁站渗漏水工程维修案例 [①]

随着我国城市化进程的加快，地铁作为城市公共交通的重要组成部分，承担着日益繁重的运输任务。然而，地铁工程的复杂性以及所处环境的特殊性，使得渗漏水问题成为困扰地铁运营的一个难题。如何有效地解决地铁站渗漏水问题，确保地铁运营的安全和舒适，是当前亟待解决的难题。这里，通过某地铁站渗漏水维修的工程案例分析，探讨维修方案的制定和实施，以期为类似工程提供借鉴。

13.23.1 项目概况

本项目位于某城市地铁线路中的一座换乘车站。车站主体结构采用明挖法施工，混凝土框架结构，主体围护结构为地下连续墙。车站开通运营后，发现站台层、站厅层部分区域存在渗漏水现象。

13.23.2 渗漏水原因及影响

经过调查分析，渗漏水的主要原因如下：

1）混凝土结构施工过程中，模板安装、混凝土浇筑及养护环节存在缺陷，导致结构表面出现裂缝。

2）地下连续墙与主体结构之间的缝隙防水措施不力，地下水通过缝隙进入车站内部。

3）车站周边环境变化，如地基沉降、隧道变形等，导致防水体系受损。

渗漏水对车站的正常运营产生了以下的负面影响：

1）渗漏水导致站内湿度过高，影响乘客舒适度。

2）部分设备受潮，可能导致设备故障，影响地铁的运营安全。

3）频繁维修、更换受潮设备，增加运营成本。

13.23.3 维修方案的制定

1. 方案制订原则

为确保维修效果，制定维修方案时应遵循以下原则：

1）针对性：针对不同渗漏水原因，采取针对性的维修措施。

2）系统性：考虑整个防水体系的修复，确保维修效果的持久性。

3）安全性：确保施工过程中不影响地铁正常运营和乘客安全。

4）经济性：在保证维修质量的前提下，控制工程成本。

[①] 曹黎明，二级注册建造师，毕业于石河子大学机械设计制造及自动化专业，现任云南欣城防水科技有限公司工程管理中心总监，从事防水工程应用技术与施工管理工作八年，擅长防水工程设计方案优化与施工技术指导。

2. 方案内容

根据原则，确定以下维修内容：

1）对结构裂缝进行修复：对裂缝进行清理、封堵，采用防水砂浆进行修复。

2）对地下连续墙缝隙进行处理：采用化学注浆对地下连续墙与主体结构之间的缝隙进行填充，确保防水效果。

3）修复防水层：对车站内部防水层进行修复，采用新型防水材料加强防水效果。

4）加强监测：施工过程中及完工后，对渗漏水情况进行监测，及时发现问题并进行处理。

3. 方案实施步骤

（1）调查分析：对渗漏水情况进行详细调查，确定渗漏水原因。

（2）制定施工方案：根据调查结果，结合现场实际情况制定维修方案。

（3）施工准备：组织施工队伍，准备施工材料和设备，进行施工技术交底。

（4）施工实施：按照施工方案，分阶段、分区施工。

（5）施工验收：施工完成后进行验收，确保维修效果。

（6）监测及维护：施工结束后加强监测，发现问题及时处理，确保渗漏水的问题得到长效解决。

13.23.4　维修实施过程

1. 施工准备

根据维修方案，进行如下准备：

1）组织施工队伍：选择具有丰富施工经验的队伍承担维修任务，确保施工质量。

2）采购材料和设备：采购符合施工要求的防水材料、注浆设备等。

3）技术交底：对施工队伍进行技术培训，确保施工人员熟悉施工工艺和要求。

2. 施工方法

根据维修方案，采用以下施工方法：

1）对结构裂缝进行修复：表面龟裂先行清理裂缝表面，涂抹防水胶浆，用专用工具压实，确保缝隙填充饱满。深度及贯穿裂缝采用化学注浆对缝隙进行密封。

2）对地下连续墙缝隙进行处理：根据现场情况，采用化学注浆对缝隙进行填充，达到防水效果。

3）修复防水层：清理原有防水层，涂抹新型防水材料，按照设计要求施工，确保防水效果。

4）加强监测：施工过程中及完工后，对渗漏水情况进行监测，及时发现问题并进行处理。

13.23.5 部分渗漏维修实例做法

（1）混凝土结构裂缝注浆工艺示意图如图 13-157 所示。

（2）通道塑料、金属轻质顶棚接缝渗漏处理工艺示意图如图 13-158 所示。

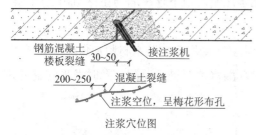

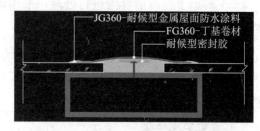

图 13-157　裂缝注浆工艺示意图

图 13-158　顶棚接缝渗漏处理工艺示意图

（3）通道玻璃顶接缝渗漏处理工艺示意图如图 13-159 所示。

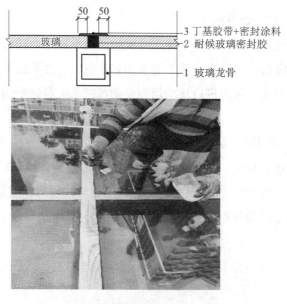

图 13-159　顶接缝渗漏处理工艺示意图

（4）外露部位沉降缝渗漏处理工艺示意图如图 13-160 所示。

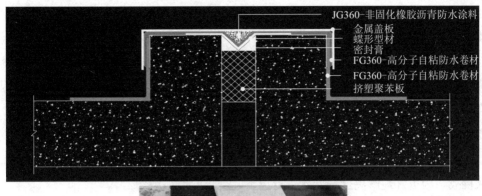

图 13-160　沉降缝渗漏处理工艺示意图

13.23.6　施工管理

为确保施工顺利进行，采取以下管理措施：

1）现场管理

设置施工现场负责人，对施工过程进行全程管理，确保施工安全、质量。

2）质量控制

加强对施工质量的监督检查，严格按照施工方案和规范要求进行施工。

3）安全保障

制定施工安全措施，加强现场安全教育，确保施工安全。

4）环保措施

施工过程中做好环境保护工作，减少对周围环境的影响。

13.23.7　效果评估及小结

1. 效果评估

经过维修施工，地铁站渗漏水问题得到了有效解决。通过对维修后的渗漏水情况进行监测，未发现新的渗漏点，说明维修效果良好。

2. 经验小结

1）针对性强：根据渗漏水原因制定针对性的维修方案，确保维修效果。

2）施工管理重要性：加强现场施工管理，确保施工安全、质量。

3）监测必要性：施工过程中及完工后，对渗漏水情况进行监测，及时发现问题并进行处理。

13.23.8 结论

本案例通过针对性的维修方案和严格的施工管理，成功解决了地铁站渗漏水问题。这为类似工程提供了有益的借鉴和启示，即在制定维修方案时需充分考虑渗漏水原因，结合现场实际情况，采取针对性的措施，并加强施工管理，确保维修效果。

13.23.9 展望

随着城市化进程的加快，地铁建设将继续推进。未来，地铁站渗漏水问题仍将面临巨大挑战。为更好地解决这一问题，有以下几个方向值得展望：

1）深化研究

深入研究渗漏水机理，为防治地铁站渗漏水提供理论支持。

2）创新技术

积极研发新型防水材料和施工技术，提高防水效果。

3）智能化监测与管理

利用现代信息技术，实现地铁站渗漏水智能化监测与管理，提高维护效率。

4）绿色发展

在防水工程中注重绿色、环保，降低对环境的影响。

通过本案例的分析和总结，我们希望为我国地铁站渗漏水问题的解决提供有益的借鉴。在未来的实践中，不断探索和创新，努力提高地铁站的防水工程质量，确保地铁运营的安全、舒适和可持续发展。

13.23.10 结语

本案例对地铁站渗漏水问题进行了深入分析，并采取了针对性的维修措施。通过严格的施工管理和效果评估，成功解决了渗漏水问题。案例的推广与应用，将对我国地铁站防水工程产生积极影响，有助于提高防水质量，确保地铁站的安全、舒适和可持续发展。在未来的实践中，我们将继续探索和创新，为我国地铁站防水事业贡献力量。

13.24 沈阳农业大学学生宿舍屋面改造工程 [①]

13.24.1 工程概述

沈阳农业大学学生四宿舍楼，毗邻沈阳市沈河区东陵路天柱山路。这座建筑始建于

---

① 陈云杰，陈阳，潘海洋，陈钰东。陈云杰，1976年出生于山西省万荣县，中级工程师，1996年踏入防水材料生产、研发和施工应用领域。现担任沈阳晋美建材科技工程有限公司总经理。主要研究方向是聚焦于建筑施工科技成果的转化。

1952 年，由苏联提供援助，采用四坡斜顶多层叠级木质结构。改造前，其屋面呈现斜坡状彩钢覆盖，且坡度大于或等于 35°。建筑面积 2207m²。

在对沈农全景航拍视频（图 13-161）的细致观察，以及对维护工作人员的采访和日常维护数据的深入分析后，发现该建筑的屋面、墙体和梁架等部位存在不同程度的问题。这些问题包括：原有的木结构柱、梁、架等多处发生不同程度的倾斜、下沉和移位；屋面望板腐朽严重，部分梁架霉烂，局部遭受白蚁侵蚀；彩钢屋面多处翘起，导致秋季和冬季棚顶结露现象严重，局部漏水问题突出；封檐盒多处已脱落。此外，墙体内外抹灰层多处酥松，粉刷层剥落现象也较为严重，面临一系列维护问题。对这座具有历史意义的建筑应进行妥善的修缮和维护。

13.24.2　改造目的

建设单位要求在充分了解该建筑的历史和文化背景的基础上，制定合适的改造方案。具体考虑以下方面：

1）对既有建筑进行结构评估和检测，以确保其安全性。同时，改造和修复可能存在的老化、损坏或不良设计等问题。

2）更新和替换既有建筑的设施设备，解决可能存在的过时或损坏问题。此外，实施节能改造和环保措施，以解决高能耗、高排放等问题。

3）提升和改进既有建筑的使用功能，以满足现代使用需求。同时，进行保护和修复工作，使其功能提升并具有历史和文化价值。

图 13-161　学生四宿舍改造前的航拍图

本次改造工程将针对既有建筑的倾斜、下沉、移位、梁架内部连接件松动、梁架内部走样等问题进行修复。对于个别受损严重的梁架，需要实施下架维修。此外，考虑到该建筑（图 13-161）已近十年未进行改造，本次施工图设计中将拆除原彩钢瓦，维修更换变形破损檩木，并拆除原老虎窗，采用木方、木夹板、镀锌钢丝绑扎、带钢抱箍等方法按设计坡度调坡、调平、固定加固。同时，将更换棚顶原稻壳保温层漏水塌陷腐烂部位的保温材料，定制安装铝合金老虎窗套、百叶窗和封檐盒一体板，以改善其排气换气功能。此外，原屋面将采用俄罗斯产樟子松防腐木板材铺设一道，防水层将重新铺设一道 PYID 3mm 厚双面反应粘防水卷材，饰面层将铺设一道集屋面装饰、防水、节能、减耗功能于一体的新型材料 TTR 超耐候自粘仿瓦立彩防水卷材（以下简称 TTR 卷材）。总体而言，本改造工程旨在保护和修复这座具有历史意义的建筑，并焕发其新的生机，以满足使用需求和维护要求。

13.24.3　施工部署

本工程涉及的工程量大，结构质量标准较高，高空斜坡屋顶施工作业安全系数要求高，且工期非常紧张。为了确保屋面彩钢拆除、柱、梁、架、檩条加固更换维修、棚顶保温层维修更换、屋顶望木板安装、定制安装铝合金老虎窗套、百叶窗和封檐盒一体板、泛水檐天沟封檐板不锈钢制品安装、屋面 3+3 复合式彩色自粘防水卷材施工等均能充分准备并按时完成，需要在施工前的施工部署上考虑各种影响因素，包括时间、空间、人力、资源、机械等，并做好总体布局。

1. 时间安排原则

在制订施工计划时，必须充分考虑季节性因素，特别是雨期施工的影响。为了确保工程按计划顺利完成，总体施工进度需要留有余地。

2. 空间规划原则

为了实现"空间充分利用、时间连续不间断、均衡协调能力所及且留有余地"的目标，必须采取主体工程与拆除、主体工程与安装防水工程的交叉施工方式。在具体施工过程中，各工种的施工安排必须协调均衡，以避免相互干扰和影响。同时，成品保护和施工安全生产也需得到重视，以减少返工和其他损失。

3. 资源调配原则

在确保工程进度按照总控制计划节点推进的前提下，需要充分投入人力资源和机械设备。工种人员需配备齐全且充裕，但不得出现窝工现象。同时，机械设备的完好率需达到标准要求。

4. 总施工顺序原则

应先拆除后安装；先结构后围护；先木工后专业；先屋面后附属。初期以主体结构施工为主导，实行平面分段、主体分区、同步流水的施工方法。主体工程安装完成后，附属工程可全面展开。迅速完成样板块，组织员工现场交流学习、交底，为全面推广做好准备。在整个施工过程中，安装工程的预留、预埋和安装、调试，需要与防水工程充分紧凑地搭接。循环推进，严格交接班制度，相互爱护、保护成品，以避免交叉污染。

1）施工区域划分

我们计划将施工区域划分为独立的区域，每个区域将独立进行施工和管理。这些区域将在项目经理部的统一指挥下进行工作，并各自独立执行施工计划，我们将对这些区域进行统筹安排以确保整体协调。同时，我们计划让两个施工区域同步推进，以提升施工效率。

2）劳动力组织

我们将根据不同施工阶段的需求，对劳动力组织进行分别考虑和安排。为了确保施工质量、提高效率、便于核算，我们将保持作业班组的相对稳定性，并使其隶属于项目部的统一安排，统筹调度。

3）施工组织协调

我们将通过制定一系列的制度和措施，如图纸会审制度、图纸交底制度、周例会制度、专题讨论会制度以及考察制度等，来确保各方工作的协调一致。这将有助于实现工期、质量、安全、降低成本等目标。同时，各方应积极配合，共同解决问题，确保工程顺利进行。

13.24.4　施工方案

1）斜坡屋面彩钢拆除工程专项施工：该方案针对斜坡屋面的彩钢进行拆除作业，在施工前需进行现场勘查和方案设计，确保拆除过程的安全性和有效性。

2）防腐木专项施工：采用防腐木进行专项施工，根据工程需要进行详细规划和执行，确保防腐木的使用寿命和安装效果。

3）柱、梁、架、檩条加固更换维修施工：对于需要加固、更换或维修的柱、梁、架、檩条，本工程将根据实际情况制定相应的施工方案，确保建筑结构的安全性和稳定性。

4）坡屋面樟子松望木板制作安装：制作和安装坡屋面的樟子松望木板，根据设计要求和现场条件进行详细规划和执行，确保望木板的制作质量和安装效果。

5）棚顶垃圾清理，单层铝箔玻璃丝绵保温铺设：在完成屋面拆除后，对棚顶进行垃圾清理并铺设单层铝箔玻璃丝绵保温材料，根据设计和现场条件进行详细规划和执行，确保保温效果和棚顶的美观度。

6）天沟、泛水檐、封檐板不锈钢制品制作与安装：制作与安装天沟、泛水檐和封檐板的不锈钢制品，根据设计要求和现场条件进行详细规划和执行，确保不锈钢制品的制作质量和安装效果。

7）屋面老虎窗制作安装：制作并安装屋面的老虎窗，根据设计要求和现场条件进行详细规划和执行，确保老虎窗的制作质量和安装效果。

8）斜坡防水施工：采用斜坡防水施工方案进行防水处理，根据设计要求和现场条件进行详细规划与执行，确保防水层的质量和耐久性。

13.24.5 屋面拆除专项工作

本工程位于沈阳农业大学内，包含主楼和两配楼。主楼四层，两配楼三层，东侧紧邻学生三宿舍，西侧为五宿舍，南侧是人行道和校园绿化带。考虑到地下有高压线，距离山墙不足 5m，机械拆除场地受限且风险较大，因此，决定采用人工拆除的方式进行拆除工作。对于东西两配楼的三层建筑，层高约 12m，采用人工拆除难度较小。拆除的材料可以通过西侧山墙使用钢架支撑，人工用溜绳将彩钢瓦及钢架滑至地面。主楼为四层建筑，高度约 21m。北侧有学校珍贵的银杏、落叶松等，间距约 5m。楼北侧距食堂不足 200m。因此，采用人工拆除的难度也很大。施工前必须搭建好防护脚手架，设置安全文明施工标示标牌，并引导学生不得在施工区域内逗留、观看拆除工作。

在拆除工程中，电源已备齐并已接至施工场地范围，可以满足施工需要。机械（器具）配置包括两台角磨机，两根长 28m 溜绳，38m 方钢 80mm×80mm×2.5mm 以及其他应用工具、电源线、手提电钻、电钻钻头套筒、手提切割机、卷尺、钢尺、扳手等。在劳动力配备方面，本工程将安排 20 名技工、36 名普工、2 名技术员和 1 名安全员。

在施工准备方面，已全面了解拆除工程的图纸和资料，进行了施工现场勘察并编制了专项施工方案。同时，对施工人员进行安全文明施工教育及交底。对于可能影响工程安全施工的各种管线，已经切断迁移。当工程可能对周围相邻建筑安全产生危险时，采取相应保护措施并撤离建筑内的人员。在作业前，应检查建筑外围影响拆除作业的各类管线情况并确认全部切断后方可施工。根据工程施工现场作业环境，施工现场应设置消防车通道并保证充足的消防水源以及配备足够的灭火器材。

1. 斜坡屋面彩钢拆除

1）拆除原则

在进行坡屋面彩钢拆除工程时，必须遵循"先上后下、先非承重后承重结构"的原则，这是为了确保拆除过程中的安全性和效率。

具体实施拆除工程时，首先要对拆除进行全面的分析和评估。评估的内容包括拆除的类型、结构、材质、使用状况等。根据评估结果，制定出具体的拆除方案和拆除顺序。

对于不同类型的拆除，需要采取不同的拆除方法和工具。例如，对于彩钢瓦类的拆除，可以使用手锤、切割机等工具进行；而对于承重结构类型的拆除，就需要使用更加专业的拆除设备和人员进行操作。

在拆除过程中，还需要注意对环境的保护和安全措施的落实。这包括对拆除现场的封闭和管理、对扬尘和噪声的控制、对废弃物的处理等。同时，还需要对拆除人员进行安全培训和防护措施的落实，确保拆除过程的安全性和顺利性。

2）准备工作

（1）技术准备

①详细审阅与施工相关的所有资料，包括拆除工程的图纸和相关资料，拆除工程涉及区域的建筑及设施的分布情况资料等。同时，需要了解建筑物的结构情况、建筑情况及水电情况；

②学习有关规范及安全技术文件，确保施工过程符合相关规定和标准；

③熟悉周围的环境、场地、道路、水电设施及房屋情况，以便在施工过程中做出正确的决策和操作；

④进行安全技术交底，向进场参施人员下发作业指导书，确保每位参与人员了解并遵循安全规定。同时，需要了解现场场地情况，做好彩钢瓦、钢架堆放场地的准备工作。

（2）现场准备

①检查影响拆除工程安全施工的各种管、电线的情况，确保安全后方可施工；

②疏通场内运输道路，接通施工中的临时用水、用电；

③在拆除危险区域设置临时围挡、悬挂安全警示标记牌，以保障施工现场的安全；

④对斜撑的方钢及溜绳进行检查确认，确保其安全、可靠。

（3）料准备

①选用 $\phi48 \times 3.5\text{mm}$ 的钢管作为脚手架的主体材料，每根钢管的质量应控制在 25kg 以内，以确保操作方便。

②所选用的钢管应表面平直、光滑，无裂缝、结疤、分层、错位、硬弯、毛刺、压痕和深的划道等缺陷。钢管的外径、壁厚、断面等偏差应符合规范要求。对于使用过的旧钢管，其表面锈蚀深度和弯曲变形程度应符合规范规定。所有钢管均应涂刷色标。

③所用的扣件应使用正规厂家产品，并在使用前进行检查。对于有裂缝、变形的扣件，严禁使用。出现滑丝的螺栓必须更换。

④脚手板宜采用毛竹制作，并应完好、无破损。

⑤所有构配件应按品种、规格分类，并摆放整齐、平稳。堆放场地不得有积水。

⑥所有进场的钢管、扣件、脚手板在投入使用前必须进行检查验收，不合格产品不得在工程中使用。

脚手架搭设前，施工员应进行详细的安全技术交底。他们会向搭设和使用人员强调安全注意事项，确保每个人都清楚自己的职责和操作规程。

首先，施工员应讲解脚手架搭设的基本要求和标准。强调使用合格的脚手架材料和按照规定的要求进行搭设的重要性。还应向搭设人员介绍脚手架的构造、支撑和固定方法，以及在搭设过程中需要注意的事项。

其次，施工员应讲解脚手架使用的安全要求。强调在脚手架上作业时必须佩戴安全带，并禁止在脚手架上堆放重物或放置不稳定物品。还应向使用人员介绍如何避免在高处作业时发生坠落事故，以及在遇到紧急情况时的应急措施。

最后，施工员应进行现场演示和指导，确保搭设和使用人员都清楚自己的职责和操作规程。他们会亲自搭设脚手架，向搭设和使用人员展示正确的操作方法和安全注意事项。在脚手架搭设完成后，他们还会对脚手架进行检查和验收，确保其符合安全要求和质量标准。

通过这样的安全技术交底，施工员可以确保搭设和使用人员都清楚自己的职责和操作规程，从而降低事故发生的概率，保证工程的安全顺利进行。

3）脚手架搭设安装

（1）清除地面杂物，平整搭设场地，并确保排水畅通。

在搭设脚手架时，底座的安放步骤如下：

①按脚手架技术交底要求进行放线、定位。

②根据现场情况，立杆底座采用 12 号槽钢直接仰铺在地坪上。

③槽钢必须仰铺平稳，不得悬空。

④离地面 20cm 处，设置纵向横向扫地杆。扫地杆的设置与大横杆及小横杆相同，以固定立杆底部，约束立杆移位及沉陷。

（2）杆件搭设：

①立杆接长除顶层顶步外，其余各层各步接头必须采用对接扣件。相邻立杆的对接扣件不得在同一高度，错开距离不宜小于 500mm。立杆全高范围内垂直度偏差不得大于 75mm。

②在开始搭设立杆时，应每隔 6 跨设置一根抛撑，直至连墙件安装稳定后，方可根据情况拆除。

③当搭至有连墙件的构造点时，在搭设完该处的立杆、纵向水平杆、横向水平杆后，应立即设置连墙件。

水平杆的搭设：

①纵向水平杆宜设置在立杆内侧，其长度不宜小于 3 跨。

②纵向水平杆接长采用对接扣件连接。对接扣件连接应交错布置，两根相邻纵向水平杆的接头不宜设置在同步同跨内，且在水平方向错开距离不应小于 500mm，各接头中心至最近主节点的距离不宜大于立杆纵距的 1/3。

③在同一步中，纵向水平杆应四周交圈，用直角扣件与内外角步立杆固定，固定间距不大于 6m。

④主节点处必须设置一根横向水平杆，并用直角扣件扣接且严禁拆除。

⑤横向水平杆靠墙端至墙的距离不宜大于 200mm。

⑥横向水平杆的两端均应用直角扣件与立杆固定。作业层上非主节点处的横向水平杆，宜根据脚手板的需要等距设置，最大间距不应大于纵距的 1/2。脚手架搭设如图 13-162 所示。

图 13-162　脚手架搭设

4）脚手架的拆除作业

脚手架的拆除作业需遵循一定的规范和安全措施。在拆除前，应进行作业区的划分，设置围栏或警戒标记，并指派专人进行地面指挥，防止非作业人员进入。在拆除过程中，高处作业人员必须佩戴安全帽、系安全带、扎裹腿，并穿软底鞋。同时，应遵循"由上而下、先搭后拆、后搭先拆"的原则，即按照与搭设相反的程序进行拆除。在拆除立杆和大横杆、斜撑、剪刀撑时，应先确保杆件上的扣件已经解开，防止坠落伤人。此外，连墙件应随拆除进度逐层拆除，并设置临时支撑，确保稳定。在拆除过程中，严禁单人进行危险性作业，拆下的杆配件应及时运走并采取安全的方式进行吊运。最后，拆下的材料应集中回收处理，并做好保养和检查工作。在特殊气候条件下搭设和拆除脚手架时，应有切实、可靠的安全保证措施。

5）屋面拆除顺序

（1）彩钢瓦→檩条→钢斜撑→拆除构件整齐摆放→施工现场清理。

（2）首先，将钢斜撑固定在西山墙与地面之间，施工人员上到屋面钢架后将安全带固定在钢柱（梁）上进行作业。施工人员从上到下实施拆除作业，先拆除彩钢瓦，拆除后用溜绳捆绑牢固，两人用溜绳将彩钢瓦沿方钢转移至地面，地面两人一组将溜至地面的彩钢瓦转运至建设单位指定地方；彩钢瓦拆除一间房屋（5m 以上）时方可切割钢斜撑及檩条，彩钢瓦、钢支撑及檩条拆除码放高度不要超过 3 层（30cm 高），防止房屋承受局部重载，影响结构安全。

（3）将彩钢瓦拆除后依次用角磨机切割南侧和北侧的檩条，长度以 6m 为宜，切割时应两人一组进行操作，一人切割、一人扶住钢檩条。切割完成后，将方钢檩条码放至西山墙处。

（4）最后拆除钢斜撑，拆除钢斜撑时应三人一组，因为钢斜撑质量较大，两人扶住，一人用角磨机切割作业。

拆除作业时应注意如下事项：

（1）在离拆除的钢结构周围 10m 处拉起安全警戒线，并设有明显的警戒标记，以避免小区其他人员误闯，避免意外伤害；并设有专人负责看管，以保证与施工无关的人员不得进入，以免造成不必要的伤害。

（2）所有特种作业人员都必须持有国家劳动部门颁发的特种作业操作证，并参加保险公司的人身意外保险，在上岗前都要进行身体检查，有头晕、感冒或其他疾病人员一律不得参加施工。

（3）登高时所有的登高人员必须佩戴好安全帽、安全带、防滑鞋，由专职人员负责监督，对不符合要求的登高人员坚决不予登高，登高前对爬梯进行检查，对腐蚀的进行修复，以保证上下时的安全。

（4）在彩钢瓦上作业的人员都必须做到安全带不离身，保险带需要调换位置时，要做到手不离铁架，做到万无一失。

（5）施工从顶部西山墙位置开始，该段作业完毕，向下一段屋面转移。

（6）对拆除使用的工具用铁桶装上后再向下运输。

（7）施工以西侧向东侧一间房为一个施工阶段，上一施工段未完工绝对不进入下一施工段施工，不同时进行两个及以上施工段交叉作业。

（8）施工时如需要用电，需要由专业人员接电，不允许其他人员私拉乱接。

（9）对已经拆除溜至地面的彩钢瓦及方钢，运出施工区域外甲方指定区域堆放，每天收工前使施工区域内不留拆除物。

（10）在高空作业使用的任何东西都必须用绳索固定，以免坠落，向下吊物品时必须专人拉尾绳，以免与其他物品发生碰撞。

（11）高空作业的人员与地面工作的人员距离过远时必须采用对讲设备进行联系，以便上下配合自如。

（12）拆除原则先上后下、先非承重后承重结构的拆除方法。

（13）遇 5 级以上大风或大雨、大雾等恶劣天气，施工应停止作业。

6）屋面板拆除施工及防护方案

（1）施工及防护方案

本工程拆除屋面板是工程的难点之一，施工中必须保障留校师生正常出行和学习，施工单位屋面上作业，下面是留校师生学习的工作的地方和教室，保证安全是关键。

①搭设防护平台

宿舍楼内防护在梁下弦上面搭设防护平台，在每跨 6m 之间，用 7m 长 DN100 钢管，间距 1.5m，排在梁上，两端用钢丝与梁绑牢。在钢管上面依次铺满 50mm 厚的木板与钢管绑扎牢固。沿梁高及周边用竹胶板封闭，形成一个封闭的空间，在内侧全部用篷布防护，防止上面尘土落下，对宿舍楼内的生产无任何影响。按由南及北、由里及外的顺序依次施工。

②安装防护通道

在和校方有关人员协商后，满足留校师生正常出行和学习要求的情况下搭设安全通道，必须具有足够的承载能力、刚度和稳定性。门形安全通道采用钢管搭设，有效尺寸 8m×6.5m。门两侧用双排架纵横间距不大于 500mm，顶面双排架纵横间距不大于 300mm，钢管顶部用 50mm 厚的模板依次铺满并用钢丝绑扎牢固，木板上面用篷布覆盖防尘防雨。

③雨期防护措施

雨期防护由于留校师生正常出行和学习生活，雨天防护工作十分重要，每天施工要关注每天的天气情况，最重要的是做好防护工作，在每天工程节点完成情况，尽量避免拆除的屋面未施工尽量保持较少部分敞口。对于敞口部分在预知要下雨的情况下，把檩条临时一端搭在钢瓦屋面上，一端搭在屋面板上，上面铺上防雨篷布，四面拉紧绑牢，保证雨水不下漏。

（2）坡屋面彩钢搭拆除钢管脚手架工程特点及针对性措施

①针对落地式钢管脚手架的拆除，若拆除高度达到 20m，需要采用钢架结构，并确保结构坚固。为确保安全拆除，需在施工前搭设施工脚手架，而此脚手架的高度也要达到 20m。

②在高空作业过程中，存在较大的安全隐患。为确保安全，必须由经安全技术教育的专业架子工承担脚手架的搭设与拆除工作，并且所有参与拆除施工的人员都需要定期进行体格检查，排除患有高血压、心脏病等不适应高空作业的人员。

③天气条件对拆除作业也有很大影响，5 级风以上及雷雨天气的拆除作业应立即停止。

④拆除过程中，为减少拆除物飞溅并对周围建筑物及物品进行保护，应采取必要的

保护性措施。

⑤拆除作业中需要注意的要点包括：

a.必须经验收合格的由地面至顶部的钢管脚手架，才能进行人工拆除。

b.人工拆除前，应在地面设置专职安全员，确保周围无关人员全部清空。

c.施工人员应站在脚手架上，并系好安全带后方可进行拆除作业。

d.严禁在晚上进行拆除作业，晚上可安排清渣工作，但不得同时进行拆除与清渣。

e.需要使用气割枪进行作业时，应将氧气、乙炔瓶置于作业平台上，并确保气割枪在施工面上。

⑥为确保拆除作业的安全，脚手架外侧应设置密目安全网。同时，为确保架体稳定，架体与简身结构的连墙杆应以二步二跨设置一个拉结点，并采用硬拉结方式，各拉结点应梅花形相错布置，两端部位的拉结点应当加强。

⑦针对脚手架的拆除作业，应遵循以下原则：由上而下、先搭后拆、后搭先拆。即按照与搭设作业相反的程序进行拆除。拆除过程中应统一指挥，上下呼应，动作协调。当解开与另一人有关的结扣时，应先通知对方，以防坠落。

⑧针对连墙件的拆除，应随拆除进度逐层拆除。在拆除连墙件前，应设置临时支撑，然后才能拆抛撑。连墙件必须在位于其上的全部可拆杆件都拆除后，才能松开拆除。

⑨在拆除过程中，对于已松开连接的杆配件应及时拆除运走，严禁将已松脱连接的杆件误扶或误靠。拆下的杆配件应以安全的方式运出和吊下，禁止向下抛掷。在拆除过程中，应做好配合协调工作，禁止单人进行拆除较重杆件等危险性的作业。

⑩在大片架子拆除前应将预留的斜道、上料平台、通道小飞跳等先行加固，以便拆除后能确保其完整、安全和稳定。

⑪拆下的材料，应用绳索拴住，利用滑轮徐徐下运，严禁抛掷。拆下的材料应按指定地点分类堆放，当天拆当天清。拆下的扣件或钢丝要集中回收处理。

⑫在拆架过程中，不得中途换人。如必须换人时，应将拆除情况交待清楚后方可离开。

（3）拆除原金属彩钢屋面技术措施

①施工方法

本工程屋面瓦是在屋面木质结构上铺设的单层彩钢，因此瓦与底层贴接比较牢固。考虑到施工处位于屋顶坡屋面，不便采取动力工具，因此本方案拟定采用人工逐片拆卸的方法。具体工具包括锤子和錾子，用于人工凿除。同时，使用电钻退钉机对瓦与木檩条固定处适当翻转至瓦片松动，逐片取下。

②施工顺序

由于铺设屋面瓦的施工工艺是从檐口至屋脊，逐片搭接铺设，所以拆除顺序与铺设相反，应从尾脊至檐口逐片拆除。先拆除屋脊瓦，再顺着坡面分层拆除，按照先铺后拆、后铺先拆的顺序进行。

③注意事项

根据业主需求，所有瓦在拆除过程中尽量保证瓦的完整，便于回收。

（4）坡屋面瓦片拆除施工技术措施

①拆除下材料的转移

a.由于施工处位于坡屋面，拆掉的瓦片无法堆放于斜坡上，必须即时转运到屋面以下。考虑到本工程施工有 1 台起重机，但在坡屋面上无法摆放，所以以吊转运的方式不适合本工程。因此，需要采取其他方法。

b.根据本工程单栋结构造型特点，每栋需要配备 4 个木方基座分别位于四处不同立面，方便屋面瓦拆除转运，每处配备 3 个工人，一人负责凿除，一人负责转运拆除的瓦片，一个人负责把瓦片送入溜槽。所以，每个工作面需要配备工人 12 人，为降低拆除成本，本方案仅加工基座 4 个，一个接一个逐个拆除。

c.各栋清理下来的瓦片，采用塔式起重机或斗车集中堆放至本过程现场北侧和南之间的空场地和道路边指定区域，按脊瓦和平瓦分类整齐堆放，日后再根据业主指定地点外运出场地。

d.没有接到屋面瓦设计变更图纸或其他有效书面文件的情况下，不得进行屋面瓦的拆除工作。

e.没有办理完毕已完工程量的确认手续或未得到业主或监理的核实确认的情况下，不得进行屋面瓦的拆除工作。

②安全注意事项

a.由于在斜屋面上施工，工人必须配备安全带。

b.施工人员必须戴好安全帽，系好帽带。

c.高空作业禁止酒后上班。

d.施工前需要检查外架周边的围护，确保没有围护不到的安全隐患。

e.施工工人处于斜屋面工作，必须配备防滑鞋。

f.拆除的瓦片必须即时移至楼下，不得在斜屋面上堆放，以免滑落伤人。

（5）拆除木板屋面技术措施

①施工技术

a.施工技术人员应认真审阅建设单位提供的有关图纸和资料，充分了解工程涉及区域的地上、地下建筑及设施分布情况，进行实地勘察，弄清建筑物的结构情况、建筑情况、水电及设备管道情况。

b. 学习并熟悉有关规范和安全技术文件。

c. 工程施工现场的安全管理应由施工单位全面负责。从业人员应办理相关手续，签订劳动合同，进行安全培训，考试合格后方可上岗作业。特种作业人员必须持有效证件上岗。拆除工程施工前，必须对施工作业人员进行书面安全技术交底。

d. 进入施工现场的人员必须正确佩戴安全帽，2m 以上为高空作业的必须系好安全带。

e. 选择合理的拆除顺序和安全防护措施。

②现场准备

a. 施工前，要认真检查影响拆除工程安全施工的各种管线的切断、迁移工作是否完毕，确认安全后方可施工。切断被拆建筑物的水、电、煤气管道，必须经管线管理单位采取相应的切断措施。

b. 清理被拆除建筑物屋顶影响范围内的物资、设备，不能搬迁的需要妥善加以防护。相邻建（构）筑物应事先检查，采取必要的技术措施，并实施全过程动态管理。

c. 疏通运输道路，接通施工中临时用水、电源。开工前查看施工现场是否存在高压架空线，拆除施工的机械设备、设施在作业时，必须与高压架空线保持安全距离。

d. 拆除前先进行围挡，即减少施工噪声及粉尘污染，又能防止施工作业人员无故进入这些正常施工的区域。现场临时围挡采用彩板完全封闭，围挡高度不低于 1.8m，围护结构离开建筑物安全距离为 1.5 倍的建筑物高度。

e. 搭设内外防护架体，防止操作人员高处坠落。车间周围搭设钢管脚手架，其高度高于被拆屋顶女儿墙 1.5m，脚手架外围应采用 2000 目的密目式安全网封闭；梁下弦上面搭设防护平台 6m 之间，用 7m 长 DN100、间距 1.5m 排在梁上，两端用钢丝与梁绑牢。在钢管上面依次铺满 50mm 厚的木板与钢管绑扎牢固。沿梁高及周边用竹胶板封闭，形成一个封闭的空间，在内侧全部用篷布防护，防止上面尘土落下，对厂房内的生产无任何影响。

f. 设置专用安全通道，在和学校后勤处协商后满足师生要求的情况下搭设安全通道，并必须具有足够的承载能力、刚度和稳定性。门形安全通道采用钢管搭设，有效尺寸 8m×6.5m。门两侧搭双排架，纵横间距不大于 500mm，顶面双排架纵横间距不大于 300mm，钢管顶部用 50mm 厚的模板依次铺满并用钢丝绑扎牢固，木板上面用篷布覆盖防尘防雨。

g. 施工人员应正确穿戴安全防护用品，严禁在屋面上嬉戏打闹，施工动火区域要配备足够的消防器材。

13.24.6 防腐木施工方案

1. 防腐木（望板加工制作）

防腐木防腐处理流程：原木采伐→锯木厂制材→窑干→浸渍材检测→真空／高压浸

渍→高温定性→刨光／机械加工→自然风干或再次窑干→包装运输。

1）真空／高压浸渍

木材在经过窑干处理后，将其放入巨型的密闭真空罐内，先行抽真空，以便脱脂、脱水。这个过程是防腐处理的关键步骤，实现了将防腐剂浸入木材内部的物理过程，同时完成了部分防腐剂有效成分与木材中淀粉、纤维素及糖分的化学反应过程，从而破坏细菌及虫类的生存环境，有效地提高木材的室外防腐性能，如图 13-163 所示。

图 13-163　4000mm×120mm×20mm 樟子松木板刨光打包进入加工车间进行防腐处理

2）高温定性

在高温高压条件下把 CCA 防腐药剂压入木材内部，让防腐剂渗透进入木材的细胞组织内，紧密地与木材纤维结合，从而达到防腐、防虫的目的。

①防腐剂主要有 CCA、ACQ、CAB 等。

②目前，国际通用的木材防腐处理的方法主要以 CCA 药剂处理为主。CCA 药剂具有非常稳定的特性，其卓越的防腐性能使其得到了广泛的应用。其主要化学成分为铬化砷酸铜（Chromated Copper Aarsenate），具有清洁、无臭等优良特点，经过 CCA 药剂处理的樟子松防腐木可以在户外各种恶劣环境中使用，且处理后的木材表面可以上漆，是非常理想的木材保护用化学防腐药剂，如图 13-164 所示。

图 13-164　经 CCA 防腐处理后的望板和檩条部分成品

③木材加工：激光切割和 CNC 加工，提高木板制造精度减少浪费并实现更精确的定制化需求。以便正确安装确保提高整体质量稳定性和延长木板的使用寿命。

2. 防腐木专项施工

1）材料要求

①木材须符合设计要求，并经现场验收及监理工程师检查认可。

②本次工程所使用的防腐木为规格材，无须在施工现场进行外观加工。

③选派具有丰富经验和良好技术的木工团队，对进场材料进行筛选，选取材质优良、质地坚韧、材料挺直、比例匀称、无节疤、色泽一致、质地干燥的木材。

④加工完成的防腐木须进行防火涂料的喷涂处理。

2）劳动力安排

①公司组织一支具备木结构工程施工经验丰富、技术过硬、管理有素的技术管理人员和工人进场施工。

②进场前，组织有关技术人员认真阅读施工图纸和学习木结构施工规范有关条文，充分领会设计意图。

③施工前对所有施工人员进行详细的施工技术交底。

3）施工方法（安装工艺）采用固定铺设法

（1）用膨胀螺栓和镀锌角钢将龙骨固定在框架梁顶面上，膨胀螺栓应经镀锌处理，然后再用不锈钢十字螺栓在防腐木的正面与龙骨连接铺设。

（2）根据建筑的整体风格和场地的特殊条件，精心设计坡屋面的形状与尺寸。同时，选择品质优良的樟子松木板。这些木板不仅纹理美观，更具有坚韧的质地和出色的耐用性。按照既定的设计要求，对这些木板进行精细的切割与加工，为后续的安装工作做好准备。

（3）安装樟子松木板前，应首先清理坡屋面，除去一切可能影响安装的杂物和尘土，让屋面保持干净、整洁。

（4）根据预先设计的方案，将每块樟子松木板准确地放置在它的位置上。然后，将使用支撑架将木板牢固地固定在屋面上，确保它不会滑动或倾斜。接着，将木板与支撑架紧密连接在一起，使用电钻和特制的钉子进行固定。最后，仔细修整木板的边角，使其与屋面完美结合，让整体外观更加和谐、统一。

（5）对木板进行专业防腐处理和定期清洁，以及防火涂层喷涂处理。确保木板表面始终保持干净、整洁。此外，对木板进行防火处理，采用自动化设备提高生产效率和质量，使用专业的防火涂料对木板进行涂装保护，防止水分渗透和侵蚀。在施工定期的检查中，密切关注木板的连接部位和支撑架是否牢固、可靠。一旦发现松动或脱落的现象，立即进行加固处理。经过专业防腐、涂刷防火涂料处理，能够有效地提高耐火性能，从而在火灾发生时保护建筑物的安全。同时，它也具有较低的烟尘释放量，减少对周围环境和人员的影响，真正做到绿色建筑和节能环保，如图 13-165 所示。

图 13-165　屋面防腐望板刷涂防火涂料

（6）质量检测与验收应在完成安装后进行。

首先，仔细观察木板的外观，确保每一块木板都具备美观的纹理和光滑的表面。此外，检查木板的安装是否平整，是否存在明显的起伏和不均匀的现象。最后，测试木板的牢固度，确保所有的连接都牢固、可靠。

4）成品（半成品）保护技术措施

（1）木材进场后，应码放在避免阳光直射处，分规格码放整齐。使用时轻拿轻放，不可以乱扔乱堆，以免损坏棱角。

（2）木制品及金属制品必须在安装前按规范进行半成品防腐基础处理，安装完成后立即进行防腐施工，若遇降雨天气必须采取防水措施，不得让成品受淋受湿，更不得在湿透的成品上进行防腐施工，确保成品的防腐质量合格。

（3）铺装好的防腐木，要采取切实可靠的防污染措施，禁止施工完毕后立即上人。

（4）施工时，在防腐木表面上操作人员要穿软底鞋，且不得在龙骨上敲砸，防止损坏面层。

（5）防腐木施工中，要注意环境温度和湿度的变化。竣工前如遇降雨天气，应覆盖塑料薄膜，防止成品受潮。

（6）防止木材腐朽的关键是控制木材的含水率。一般木材处在半干半湿的环境中，最容易遭到腐朽菌的破坏。木材腐朽菌生长需要的木材含水率通常是在 25% ～ 150% 之间。木材含水率超过 150% 时，木腐菌往往因木材中缺乏足够的氧气供菌生长而受到抑制，也就是木腐菌难以生存。当木材含水率小于 25% 时，由于木材内缺乏足够的水分供菌生长而受到抑制，这是防止木材腐朽、保管好木材的关键，也是合理保管木材的主要原则。采购的樟子松防腐木，采用 CCA 防腐剂处理，切断了"食物"来源，从而达到了木材防腐的目的。

5）施工质量控制措施

（1）在施工过程中，应充分保证防腐木与框架结构之间的空气流通，以有效延长木结构的使用寿命。

（2）防腐木的连接安装需要预先钻孔，以防止防腐木开裂，并确保安装牢固。平台板与木龙骨的连接处需使用两颗钉，所有连接应使用镀锌连接件或不锈钢连接件，以抵抗腐蚀生锈。

（3）阴雨天应避免施工，涂刷后 24h 内应避免雨水侵蚀。

（4）防护涂料或油漆涂料涂刷完成后，为了达到最佳效果，48h 内应避免人员行走或重物移动，以免破坏防腐木面层已形成的保护膜。

（5）成品须在 1～2 年内进行一次维护，使用专用的木材防火涂料涂刷。

（6）防腐木的品种和质量必须符合设计要求。

（7）在制作和安装防腐木时，龙骨间距应符合设计要求。考虑到地区气候干燥的特点，可能会引起户外防腐木收缩，因此防腐木面层之间应合理留缝。

（8）平台安装完成后，宜用专用处理剂涂刷表面，而不能按照常规油漆涂刷。可以在木器表面加上一层保护膜，使其可以达到防水、防起泡、防起皮和防紫外线的作用。

（9）木材的材质和铺设时的含水率必须符合木结构工程施工及质量验收规范的有关要求。

6）安装过程中的防火措施

（1）屋面应定期进行清理，保持干净、整洁。避免因杂物堆积而引发火灾事故。

（2）定期对消防设施进行检查和维护，确保其处于良好的工作状态。

（3）对电气设备进行定期检查和维护，确保其安全、可靠。

（4）严格控制火源的使用范围和使用时间，避免因火源管理不善而引发火灾事故。

（5）对工人进行定期的消防演练，提高他们的应急处置能力。

（6）加强对现场的巡查和管理，及时发现并消除火灾隐患。

（7）对使用的材料进行严格的防火检测和控制，确保其符合国家相关标准要求。

（8）设置明显的防火标识和消防安全宣传标语，提醒人们注意防火安全。

（9）对易燃物品进行妥善处理，避免因易燃物品的堆积而引发火灾事故。

（10）加强安全管理，建立健全的消防管理制度，落实消防责任制。

7）安全、环保、消防技术措施

（1）加强对作业人员的安全、环保、消防意识教育，确保严格遵守公司关于《环境／职业健康安全作业指导书》的有关规定。

（2）在运输、堆放、施工过程中应采取有效措施，尽量避免扬尘、遗撒等现象。在施工现场，防腐木材应采取通风存放，并尽可能避免太阳暴晒。

（3）制定安全消防应急预案，加强安全消防教育，提高全体员工的安全意识和应对突发事件的能力。

（4）在木材堆放现场以及施工现场，设置消防灭火设施，确保一旦发生火灾能够及时处置。

（5）设置施工现场警戒线，维持工地内施工作业正常有序运作，确保施工安全。

（6）落实"三级安全教育"，确保员工接受必要的安全培训和掌握基本的安全操作技能。

（7）在木材堆放现场以及施工现场禁止明火、吸烟，设置专门用于吸烟的区域，以保障安全。

13.24.7　柱、梁、架、檩条更换加固维修施工方案

1. 工艺流程及操作要点

对原有的木结构柱、梁、架等多处产生倾斜、下沉、移位、梁架内部连接件松动、梁架内部走样的部分进行现场测量。屋面存在漏雨现象，墙体多处酥松，粉刷层剥落严重，屋面望板有不同程度的腐朽，柱、梁、架已部分霉烂，并有白蚁侵蚀的现象进行整修。对于个别受损严重的梁架，需要进行下架维修。根据现场实际情况，拟定了以下施工方案。

1）屋架下半部分整修

（1）拆除屋架上面所有的荷载，包括瓦片、挂瓦条、顺水条、防水卷材、望板、保温板、木板、檐口板铜沿沟、雨水管、檩条、天窗及窗枋等。同时，将屋架上半部分全部落架。

（2）根据现场测量结果，对各榀桁架下弦两端的高程差进行纠正。下弦内端（及建筑内围端头）高程差相对较少，差值在 5cm 以内，建议内端保持现状，以内端为基准纠正外端（下弦靠近建筑外围端部）。对于内外端高程差大于 5cm 的进行纠正，小于 5cm 的则保持现状。操作主要流程为：复测各榀桁架下弦两端高程差→用千斤顶竖直支撑屋架下弦（外端）→校正下弦端头处垫木或矮柱高度→卸除千斤顶支撑。

（3）对于下弦的支撑点为砖墙的情况，根据领导要求屋面暂时不打开。由于屋架下弦端头是否存在霉变无法确定，因此不排除下弦霉变需进行更换的可能性。届时将根据现场实际情况而定，如需要更换，则先进行下弦更换后再进入下一道工序。

（4）下弦下弯复位：

①拆除上、下弦连接处螺栓及三角木（外端）；

②千斤顶竖直支撑下旋，并确定为受力状态；

③拆除上次维修加设的紧密件（各构件空隙枕木、钢板）；

④千斤顶继续竖直支撑，扶正下弦，速度不宜过快，每次控制在3cm以内，确保榫头不受破坏。在扶正过程中测量变化结果，反复操作直至下弦复位并使下弦略微上拱。保持千斤顶支撑。

（5）纠正桁架内部立柱：拆除桁架内部立柱与下弦连接的U形铁件，纠正立柱，确保立柱竖直并垂直于下弦，并用硬木修补原立柱上的榫孔。U形铁件校正加工并两端各钻取4个孔，孔径为4.2mm，重新安装U形铁件。根据铁件立柱上重新制作榫孔，榫孔下部垫设1.5cm宽、8mm厚的钢板，安装U形铁件应确保紧固。铁件钻孔位置加设4寸（101.6mm）钢钉，加强受力并防止铁件水平位移。

（6）上弦纠正复位：下弦纠正到位后，上弦与桁架立柱连接点保持原状，上弦实际距离应加长，不排除需更换上线弦的可能性，主要因素有：上、下弦连接处的剪力面将出现缝隙或缝隙加大，由于现场部分剪力面已加设4～5cm垫木，上、下弦连接处穿螺杆，下弦利用原有钻孔。上弦大部分需要重新钻孔，与旧孔极易出现交叉部分重叠，这将影响构件的功能达不到预期目的。对于现场上弦为拼接的使用千斤顶竖直支撑，使上弦略微上拱，拼接处上口缝隙采用适当厚度的钢板枕紧上弦，下口加设8mm厚的140mm×1200mm钢板，12副对销螺杆固定纠正上弦，确保上下弦剪力面密实安装上下弦连接三角木及螺杆。

（7）校正桁架倾斜并加设水平拉系杆。

2）对屋架上半部分进行整修

（1）对窗的上下穿枋进行整修，更换所有霉变的构件，以及那些部分变形严重并影响使用的构件。

（2）建议在上弦的内部立柱采用花篮螺栓进行紧固（原设计使用扁铁拉系）。

（3）安装屋架的下弦、上弦、矮柱、斜撑木及链接铁件。若下弦构件原有下弯变形无法继续使用，应进行更换。建议在原下弦位置加设与上弦节点的剪力面，使下弦起到受拉作用。考虑到下弦厚度仅有8cm，受构件尺寸限制，建议原穿心吊杆端部采用U形箍过渡。

（4）安装屋面檩条：在确保各节点紧固并调整垂直度后进行屋面檩条的安装。原有屋面檩条大部分已发生变形并影响使用，需要进行更换。原有的檩条支撑用楔形木尺寸过小，建议进行更换，新做的楔形木高度应不低于檩条高度的2/3。同时，屋脊相邻的两根檩条需采用两道$\phi14$的对销螺杆拉结。

（5）安装屋面望板及望板以上部位构件。

①大木构件修复：当柱脚损坏高度超过 800mm 时，应采用榫和螺栓牢固固定更换，不得使用铁钉代替。当柱脚损坏深度超过直径一半时，采用剔补包镶做法时，应采用同一种木材，加胶填补、填紧，包镶较长时间时，应用铁件加固。当柱皮完好，柱心糟朽时可更换或采用化学材料浇筑法固定。

②梁、川、枋、桁等大木构件维修要求：当顺纹裂缝的构件直径的深度不大于 1/4，宽度不大于 10mm，裂缝长度不大于自身构件一般 1/3 时，斜纹裂缝在短形构件中不应大于 180°。在圆形构件中裂缝长度不应大于周长的 1/3 时，可采用铁件加固法、胶结法、化学材料浇筑加固法修补。超过以上规定时，应更换木构件。

（6）安全措施

①作业移动木构件设专人指挥，防止滑脱、坠落事故发生。

②架体上要铺满脚手片，架体需要计算承载力，小横杆、大横杆和立杆是传递垂直荷载的主要构件，而剪刀撑、斜撑和连墙件主要保证脚手架整体刚度和稳定性的，并且加强抵抗垂直和水平作用的能力。而连墙件，则要承受全部的风荷载。扣件则是架子组成整体的连接件和传力件。

③各种机具必须有保护装置，并按有关技术规程操作。

3）柱、梁、架、檩条加固更换维修技术措施

（1）附檩加固

在原檩条下方紧贴原檩条的位置附加一根新的木檩条，称为附檩加固。当原檩条因断裂等原因不能继续承载时，新的附檩应能够替代原檩条进行承重。附檩的截面尺寸应根据荷载进行计算确定。为了加强原檩条与附檩之间的连接，在檩的两端 1/4 跨度处，应缠绕 2 圈 8 号钢丝。若原檩条存在截面尺寸过小、材质不良或下垂严重等缺陷，但并未出现断裂，为避免倒塌事故，可考虑采用原檩条与附檩共同承载。在两端 1/4 跨度处，应缠绕 4 圈 8 号钢丝。附檩的截面尺寸可比所需截面尺寸小一些，但其截面抵抗矩 W 不得小于所需截面 W 的 2/3。若附檩与原檩之间的接触不良，应在两者之间打入木楔，木楔应完全卡入两檩之间，不许只打入一部分或外露一部分。木楔的间距为 30～50cm。木楔应保持规整，不得使用碎木，并沿檩的方向均匀分布。大木楔应与檩牢固连接。附檩的两端应支承在称为蛤蟆的特殊支承上，蛤蟆应固定在瓜柱上。蛤蟆的厚度应不小于 6cm，宽度不小于檩径的 3/4 和 10cm，长度一般为 30cm，但也可根据钉子的排列情况适当加宽或加长。钉子的数量应根据计算确定，一般情况下使用 5～10 个。

（2）串檩加固

若原檩条存在缺陷或问题，且在原位置进行附檩加固不方便或椽子下垂严重并出现

断裂，可在原檩条的一侧或两侧另外串入新的檩条以承受屋面荷载，这种方法称为串檩加固。新串入的檩条的截面尺寸可根据计算确定。若原檩条仍具有一定的承载能力，可考虑新旧檩条共同承载。根据新旧檩条共同工作的具体情况选择适当的截面尺寸。串檩的上部与椽子之间若存在空隙，应打入木板并顶实，以确保荷载能够传递到串檩上。同时，要确保串檩的支座能够稳定地支承在大栓或二栓上。

（3）吊木或吊角钢加固

当原檩条的强度不足或变形较大时，可在原檩条的下部跨中 1/3 范围内采用吊木或吊角钢来加强原檩条。这两种方法均考虑与原檩条共同工作，以提高原檩条的承载能力。其中，吊木的加固效果优于吊角钢。

（4）下撑式钢筋加固

在檩条下方设置单立柱或双立柱下的撑式钢筋与原檩条形成组合式结构。这种组合结构的梁式杆（檩）受到弯矩、剪力和轴力的作用，而连杆（钢拉杆）只受到轴力的作用。因此，由于下撑式组合檩的上部横梁得到下部钢筋和立柱的支承，檩的弯矩大大减少。但组合结构的内力分布与檩、立柱和钢拉杆的相对刚度有关。如果立柱和钢拉杆的截面很小，则檩的弯矩接近简支梁的弯矩；如果立柱和钢拉杆的截面很大，则檩的弯矩接近连续梁的弯矩。钢拉杆两端的套箍在檩上的位置按照檩的中心线斜向钢拉杆的中心线与檩在瓜柱上过支点的竖向垂直线相交于一点的原则确定。

13.24.8 坡屋面樟子松防腐木板（望板）安装

1. 清理屋面基层杂物

在进行屋面基层杂物清理时，应拆除原有的瓦片和挂瓦条，并确保将杂物转运到屋面以下。随后，应对屋面上的垃圾进行清扫，并用编织袋进行装袋运走。

2. 安装新的防腐木板前的准备工作

在安装新的防腐木板前，应对原有的檩条及椽子基层表面进行彻底清扫，确保表面平整、清洁、坚实、干燥，且不得有断裂、变形、翘曲等缺陷。

3. 安装屋面钢木复合檩条

安装钢木复合檩条时，应在刚性支承（系件）、水平支承、柱间支承安装完毕，且钢结构主体调校完毕后进行。连接檩托时，应在梁上按图示尺寸画线，然后按线螺栓固定。同列檩托的焊接位置应在一条直线上，且应与钢梁（柱）保持垂直。对于坡度小于 1：12.5 的屋面，安装檩条时应注意消除由钢梁挠度而造成的屋面不平直现象。安装檩条间拉条以稳定檩条。在安装时，拉条每端的螺母均要旋紧，以便将檩条调直。檩条间距应按施工图纸要求布置，其误差值不大于 ±5.0mm，且弯曲矢高不大于 $L/750$ 且小于 12mm。可使用钢尺和拉线检查。

4. 安装金属材质顺水条和挂瓦条

金属材质的顺水条和挂瓦条应进行防锈处理。其中，顺水条的断面尺寸应为 40mm×20mm。

5. 安装木望板

木望板安装前，应进行安装放线工作。在开始安装放线前，应对安装面上的已有建筑成品进行测量，对那些达不到安装要求的部位进行修改。应根据偏差记录，有针对性地提出修正措施。应依据排板设计来确定排板起始线的位置。在屋面板施工前，先在檩条上标定出起点，即沿跨度方向在每个檩条上标出排板的起始点，各个点的连线应与建筑物的纵轴线相垂直；而后，在板的宽度方向每隔几块板继续标注一次，以限制和检查板的宽度安装偏差的积累。

1）安装步骤

（1）应首先固定首块板边支架，边支架内边线与板安装起始线应重合，用标尺定位中支架并固定好。

（2）用边支架把板的公边扣压好，固定边支架。

（3）用标尺定位并固定好后续板的中支架。

（4）把后续木望板对准支架放好，用第二步所述方法，使其母边与前排板的公边和边支架相应的中支架良好咬合。

（5）重复第二至第四步，安装后续木望板。

（6）安装到基准线时，进行如下检查：

①咬合的紧密性：边支架是否将公边完全扣入，母边是否将边支架完全包入。

②检查安装偏差，一旦发现偏差超出许可范围，要立即查明原因并进行调整直至符合要求。

③重复第五至第六步，安装后续望板。

2）收尾处理

（1）当铺设到最后，若剩余的檩条长度小于板宽的 1/4 时，需要使用边支架将板的公边稳固好，并将支架多余的部分锯掉，使用收边板覆盖剩余部分。

（2）若铺设到最后，剩余的檩条长度小于板宽但大于板宽的 1/4 时，需要将木板超出檩条的部分锯掉，使用中支架进行固定；同时，使用边支架扣好板的公边并固定好支架即可。

3）细部节点处理

（1）屋面板在水槽上口伸入水槽内的长度不得小于 150mm。

（2）屋面板安装完毕，应仔细检查其各部位的咬合质量。如发现有局部拉裂或损坏，应及时做出标记，以便修补完好，以防有任何漏水现象的发生。

（3）屋面板安装完毕，每间隔两道檩条及檐口收边处打抗风钉加固，防止遇特大风吹起屋面发生事故，封檐板安装牢固，包封严密，棱角顺直，成形良好。

（4）安装完毕的屋面板外观质量符合设计要求及国家标准规定，面板不得有裂纹，安装符合排板设计，固定点设置正确、牢固；面板接口咬合正确紧密，板面无裂缝或孔洞。坡屋面构造如图13-166、图13-167所示。

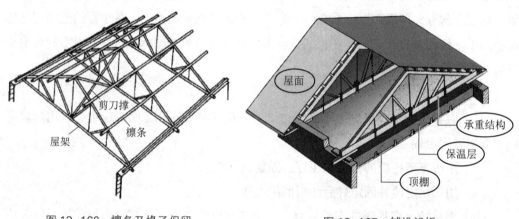

图 13-166　檩条及椽子保留　　　　　　　图 13-167　铺设望板

（5）最后，需要确保望板的接口望板四周伸入檐口、天沟内的长度不小于150mm。这是为了增强屋面的稳固性和防风性能。

通过以上步骤和要求，可以确保望板在屋面铺设过程中得到合理、严格的安装，从而为建筑物的安全性和功能性提供有力保障。

13.24.9　铺设单层铝箔玻璃丝棉保温施工方案

1. 施工准备

材料及要求如下：

（1）岩棉板：产品需有出厂合格证，根据设计要求选用厚度、规格一致，外形整齐；密度、导热系数、强度符合设计要求的产品。本工程选用岩棉板厚度为50mm，密度14kg/m³ 以上，达到 A 级防火标准。传热系数 $K=0.55W$／（$m^2 \cdot K$）。

（2）作业条件：

①在清理原腐烂稻壳保温的基层（结构层）完成后，需对搁楼板棚预留方格龙骨、饰面面板等进行维修更换处理，并经过检查验收合格，才能开始安装岩棉板。

②穿过结构的管根部位，必须使用发泡胶进行堵塞密实，以确保管子固定牢固。

③在运输和存放岩棉板材料时，必须采取保护措施，防止材料受到损坏。

2. 施工方法

1）顶棚做法：面浆（或涂料）饰面。

2mm 厚面层耐水腻子刮平，5mm 厚粉刷石膏，内压中碱玻纤网格布一层，单层铝箔朝上，膨胀卡箍固定后，上覆新稻壳恢复。

2）工艺流程：基层清理→安装岩棉板调整岩棉板标高→膨胀卡箍固定→上覆新稻壳恢复。

3）基层清理：清理木结构层表面，应将杂物、灰尘清理干净。

4）安装岩棉板：按照楼板下预留的方格固定岩棉板。

5）调整岩棉板标高：根据施工 500mm 线，调整岩棉板标高。

6）岩棉板保温层铺设：吊挂岩棉板保温层，直接挂在结构层下预留方格头上。分层铺设时，上下两层板块缝应错开，表面两块相邻的板边厚度应一致，见图 13-168。

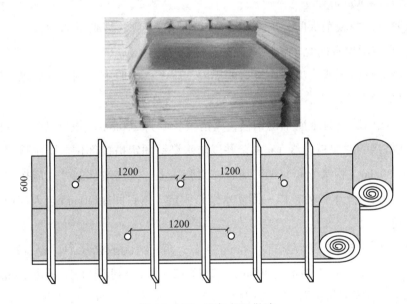

图 13-168　顶棚保温做法

3. 质量标准

在屋面保温层质量检验过程中，需要关注以下项目和允许偏差范围：

1）材料质量：必须符合设计要求，检查出厂合格证、质量检验报告和现场抽样复验报告。

2）保温层含水率：必须符合设计要求，检查现场抽样检验报告。

（1）保温层铺设：必须符合规定，可通过观察检查进行验证。

（2）倒置式屋面保护层的铺设：必须符合规定，可采用钢针插入和尺量检查。

（3）保温层厚度：存在允许偏差，松散、整体保温层为 +10%，–5%，可通过观察检查和按堆积密度计算其质（重）量进行验证；板块保温层厚度允许偏差为 ±5%。

（4）成品保护：已铺好的松散、板状或整体保温层需要妥善保护，避免施工损坏。同时，保温层施工完成后应及时在铺平层上覆新稻壳，以保证保温效果。

13.24.10　天沟、泛水檐、封檐板不锈钢制品制作与安装

1. 天沟安装

1）与复合屋面板配套的收边板、泛水板应尽可能背风向搭接，搭接长度为 200mm。

2）在屋脊或图纸标注处，需要将复合屋面板外层钢板上扳 80°，形成挡水板——弯折截水。

3）将屋面板外层板靠近天沟处下端下扳 10° 左右，形成滴水线；同时，天沟处压型钢板需要外挑 50mm。

4）在屋脊处两坡钢板间，应留出 50mm 左右的空隙，以便插入上扳工具。完成上扳作业后，在空隙位置内充填柔性简易保温材料。

5）在屋面有通风器或出屋面管道的周围，应严格按照施工图纸的要求，安装好节点材料，以免发生渗漏。

6）天沟底面层板为压型不锈钢板，其搭接长度为 200mm，并施以两道封胶，位置分别距相互搭接的两块板边缘 15mm，并以防水铆钉固定搭接部位。防水铆钉两道，单排中心距为 80mm，相错分布，铆钉应打在封胶线上。天沟端部的处理应按照图纸标明的尺寸安装。天沟落水口处，以一圈防水铆钉固定，铆钉间距 40mm 与天沟板连接，并施以两道封胶。

7）封胶挤出时，宽度应掌握在 6mm 左右；搭接处封胶挤压后，厚度约为 3mm，宽度在 10mm 以上。每支封胶（300mL）约打 12m 长，封胶中心距板边 15mm 左右。打胶前必须除去压型板的保护塑料薄膜，并将表面擦拭干净。以上做法如图 13–169 所示。

2. 一体化封檐板加工定制及安装

一体化封檐板是此项改造中一种重要的建筑材料。它是由 3mm 厚的异形铝单板制成，这些铝单板被精心设计和定制，以便在建筑物的外墙和屋檐上发挥装饰和保护的作用（图 13–170）。通过先进的生产工艺和严谨的质量控制，这些封檐板被精确地制造出来，以满足特定的需求。安装过程中，专业的技术人员使用可靠的安装方法，将封檐板固定在建筑物的外墙上，确保它们坚固耐用、能够抵御风雨等自然环境的侵蚀。封檐板的拼缝长度为 10mm，旨在确保封檐板的外观美观，同时满足建筑物的防水要

求。缝内采用泡沫棒填充。这种材料能够有效地防止水分渗透，进一步增强了封檐板的防水功能。

为了使封檐板能够更加牢固、耐用，安装过程中需要使用一种特殊的材料——白色中性硅酮密封胶。

白色中性硅酮密封胶是一种高性能的建筑材料，它不仅具有优异的耐候性和粘接性能，还具有很好的防水性能。这种密封胶能够有效地防止水分渗透，保护建筑物免受水分的侵蚀。此外，其使用寿命也非常长，可以与建筑物本身的使用寿命相媲美。

安装封檐板时，使用白色中性硅酮密封胶非常重要。通过涂抹这种密封胶，封檐板能够更好地与建筑物结合，形成一个整体。这样，不仅可以提高建筑物的外观质量，还可以增强其防水性能。此外，密封胶还可以有效地防止风、雨等自然环境对封檐板的侵蚀，延长了封檐板的使用寿命。密封胶的嵌填如图 13-171 所示。

图 13-169　天沟、泛水做法

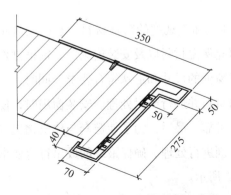

图 13-170　3mm 厚异形铝单板示意图

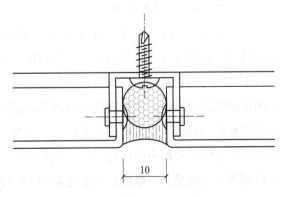

图 13-171　异形铝单板嵌缝安装示意图

为了确保封檐板的安装质量和防水性能，除了使用白色中性硅酮密封胶外，还可在封檐板的外表面喷涂金属氟碳漆。这种金属氟碳漆具有很强的耐候性和防水性能，能够有效地保护封檐板免受外界环境的侵蚀。

使用白色中性硅酮密封胶是使封檐板更加牢固耐用的关键。通过涂抹这种密封胶以及其他措施，可以确保封檐板的安装质量和防水性能，延长其使用寿命。同时，这些措施还可以提高建筑物的外观质量，使其更加美观、耐用。

13.24.11　屋面老虎窗制作安装

1. 檩条安装

在此项目改造中，檩条的安装是重要的一环。首先，精确测量和定位檩条的位置是至关重要的。这需要考虑到各种因素，如屋顶的坡度、椽子的间距以及建筑物的特定要求等。在安装过程中，必须严格遵守这些参数，以确保檩条能够正确地承载屋面荷载并满足建筑要求。

2. 铺装木望板

木望板是屋面结构的重要组成部分，它能够保护建筑物免受风雨侵蚀；同时，还能增加建筑物的美观度。铺装过程中，木望板需要按照特定的顺序和方向进行铺设；同时，为了确保其能够有效地承载屋面荷载，木望板的材质和厚度也需要根据建筑要求进行选择和加工。此外，为了使木望板与屋面更好地结合，还须在铺设过程中使用特定的胶粘剂和密封剂进行处理。

3. 安装博风板

博风板是用于固定和保护屋顶边缘的板材，它的安装也是一项重要的工作。安装过程中，博风板需要与屋檐和椽子紧密结合。为了达到这个目的，在博风板的背面使用特定的固定件和填充物进行处理；同时，为了确保其能够有效地抵御风雨侵蚀，还在博风板的表面进行防水处理。

4. 安装 3mm 铝单板窗套

3mm 铝单板窗套是一种具有高强度、耐腐蚀性和美观度的窗框材料。它的安装步骤包括测量窗洞尺寸、制作窗框、安装窗框、填充保温材料以及安装窗扇等。窗框制作过程中，使用高精度的切割设备和工具，以确保窗框的尺寸和形状符合要求。同时，为了确保窗框的稳定性，还在窗框的内部填充保温材料并进行密封处理。安装窗扇时，使用高质量的锁具以确保窗扇的开关自如且安全、可靠。最后，为了使窗套与建筑物更好地融合，在安装过程中使用特定的胶粘剂和密封剂进行处理。确保最终的成果符合要求并达到预期的效果。铝单板窗套成品如图 13-172 所示。

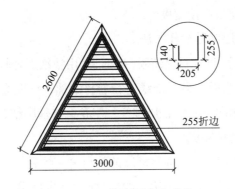

图 13-172　铝单板窗套成品

13.24.12　屋面防水层施工工法

1. 坡屋面防水构造

1）防水垫层：选用 3mm 厚自粘聚合物改性沥青防水垫层，产品执行标准为《坡屋面用防水材料　聚合物改性沥青防水垫层》JC/T 1067。

2）防水卷材：选用 3mm 厚超耐候 TTR 自粘卷材。外表面覆有页岩片保护层。

3）细部节点材料：选用防水涂料夹贴玻纤网格布增强的涂膜做附加防水层。

单面自粘防水垫层构造如图 13-173 所示。

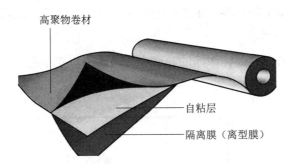

图 13-173　单面自粘防水垫层构造示意图

2. 屋面防水施工要点

1）将基层清理干净。

2）涂（滚）刷基层处理剂：要求涂布均匀，不流垂、不堆积、不露底，两遍成活，自然干燥成膜。

3）铺贴防水垫层

屋面坡度大于 15°，应考虑卷材垂直屋脊铺贴；屋面坡度小于 15°，卷材宜平行屋脊铺贴。

4）弹基准控制线：根据卷材的宽度与搭接长度尺寸，在基层上弹卷材铺贴控制线，以保证卷材铺贴的平直度与搭接宽度。

5）双面自粘防水垫层铺贴操作方法

（1）基层清理干净后，将卷材隔离膜（离型膜）用裁纸刀轻轻划开，将隔离材料揭起，与卷材呈30°角为宜；然后，沿基准线进行卷材滚铺，铺贴卷材的同时，另一工人用压辊从垂直卷材长边一侧向另一侧辊压排气，使卷材与基层粘合，辊压后的卷材表面不得踩踏，直至一幅卷材铺贴完成。

（2）第二幅卷材铺贴时，先将卷材试铺并与第一幅卷材的搭接基准线重合，保证搭接宽度不小于80mm，施工方法与第一幅卷材施工相同。同一层相邻两幅卷材短边搭接缝，应错开不小于500mm。

（3）铺贴双层卷材防水层时，上下两层卷材的接缝应错开1/3～1/2幅宽，且两层卷材不得相互垂直铺贴。

（4）短边搭接：首先将卷材末端固定好，搭接宽度不小于80mm，先用裁纸刀轻轻将隔离材料划开，并与下层卷材粘接；若采用双面粘卷材，则下面的卷材短边搭接处需撕开80mm宽的隔离材料，然后与上层卷材粘接。

（5）长边搭接：在搭接部位，将两幅卷材重叠区域的隔离材料同时揭去，将自粘胶粘合在一起。用小压辊辊压，排出空气，紧密压实粘牢，搭接宽度不小于80mm。

（6）接缝处采用手持压辊，施加一定的压力对搭接边均匀压实，再采用压辊对搭接边缘进行二次条形压实。

（7）短边T形搭接口处，中间的卷材应裁去一小块三角形，然后进行卷材粘贴。具体做法如图13-174所示。

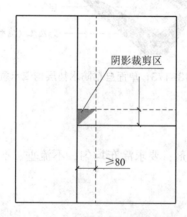

图13-174 自粘卷材T形接缝示意图

（8）卷材在立面的收头尺寸应高于平面250mm，端头部位用金属压条进行固定并用密封材料进行处理。

（9）立面施工时，如需要机械固定，应在距卷材边缘 10～20mm 内，每隔 400～600mm 进行机械固定，并应保证固定位置被卷材完全覆盖。

（10）平立面转角时，先弹线定位确定附加层的铺贴位置，附加层宽度宜为 300～500mm，然后进行大面积卷材的铺设。

6）TTR 超耐候自粘卷材施工方法

（1）施工顺序：在防水层施工时，应按照规定先做好节点附加层和屋面排水集中部位的处理，然后由屋面最低标高处向上施工。

（2）卷材铺设采用自粘满铺法。施工时必须注意：距屋面周边 800mm 内的防水层应满粘，保证防水层四周与基层粘接牢固。卷材与卷材之间应满粘，保证搭接严密。

（3）根据规定，卷材铺贴方向应当符合以下要求：当屋面坡度 ≥ 15° 时，卷材应当垂直于屋脊方向进行铺贴；同时，在顺天沟、落水口处，应由低向高逐条铺贴。

（4）卷材定位后重新卷好，刷涂改性沥青防水胶，卷材底面与基层接触处，合理满粘并且上下屋脊用不锈钢带固定。

（5）铺贴卷材采用搭接法时，上下层及相邻两幅卷材的搭接缝应错开。

（6）卷材铺贴应平整、顺直，避免扭曲、过分拉紧和皱折。基层与卷材排气要充分，向横向两侧排气后方可用辊子压平粘实，不允许有翘边、脱层现象。

（7）檐口：檐口端头的卷材裁齐后压入凹槽内，然后将凹槽用密封材料嵌填密实。

（8）天沟、檐沟卷材铺设前，应先对水落口进行密封处理。水落口杯与竖管承插口的连接处应用密封材料嵌填密实，防止该部位在暴雨时产生倒水现象。水落口周围 500mm 范围内，用防水涂料作为附加层。水落口杯与基层接触处应留 20mm × 20mm 的凹槽，嵌填密封材料。天沟转角处应先用密封材料密封，每边宽度不少于 300mm，表面干后再铺一层卷材作为附加层。铺设时从沟底开始，顺天沟从水落口向分水岭方向铺贴。如有纵向搭接缝，必须用密封材料封口。铺至水落口的卷材附加层应深入水落口内 50mm，大面铺贴的卷材应深入水落口内 100mm，并用密封材料封口。

（9）泛水卷材铺贴前，应先进行试铺，将立面卷材长度留足。先铺贴平面卷材至转角处，然后从下向上铺贴立面卷材。卷材铺贴完成后，将端头裁齐。若采用预留凹槽收头，将端头全部压入凹槽内，用压条钉压固定，再用密封材料封严。女儿墙最后用水泥砂浆抹封凹槽。如无法预留凹槽，应先用带垫片钉子或金属压条钉压做盖板，盖板与立墙间用密封材料封固。其他部位应严格按规范规定，做好防水卷材的收头处理。立面部位采用叠合的 TTR 超耐候自粘卷材铺贴。

（10）严禁在雨天施工。五级风及其以上时不得施工。施工中途下雨时，应做好已铺卷材四周的防护工作。

（11）应做好分项工程的交接检查。未经检查验收，不得进行后续施工。每一道防水层完成后，应由质检员进行专项检查，合格后方可进行下一道防水层的施工，并做好隐蔽工程验收记录。

（12）检验屋面有无渗漏和积水、排水系统是否通畅，可在雨后或持续淋水 2h 后进行检查，并做好记录。

7）特殊结构部位加强层防水施工要点

卷材防水在屋面与山墙、女儿墙、通气道、出屋面的管道等交接处，以及檐沟、雨水口等处都是容易产生漏水的薄弱环节。如果处理不当，这些部位可能会引发漏水现象。在实际工程中，由于这些部位处理不当而发生漏水的案例占有相当大的比例。因此，在进行屋面构造处理前，必须进行周密的考虑和防水施工前的附加层处理，以加强防水性能。在特殊部位如天沟，更应先做一道附加层，以加强防水处理；如图 13-175 所示。

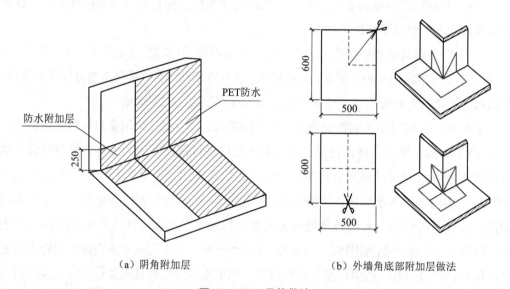

（a）阴角附加层　　　　　　　　　（b）外墙角底部附加层做法

图 13-175　具体做法

（1）泛水构造是指对屋面与垂直屋面交接处的防水处理，包括但不限于屋面与山墙、女儿墙、高低屋面之间的立墙、通风道下端等部位。在进行泛水构造处理时，卷材的泛水高度不应小于 500mm，以防止屋面积水浸湿墙身，造成渗漏。

（2）卷材收头处理应分为两种情况：

第一种情况，当卷材防水收头直接压入女儿墙压顶下时，应使用 20mm 宽的薄钢板与水泥钉钉牢，然后使用密封材料封严。

第二种情况，当卷材防水层"收头"做在女儿墙侧墙上时，应在墙上预留凹槽，槽高 60mm，槽深 40mm，沿女儿墙周围设置。将防水层压入凹槽内并用 20mm 宽压条与水泥钉钉牢，然后用密封材料封严。也可以将卷材收头直接用 20mm 宽压条，与水泥钉钉在女儿墙侧墙上，端头用密封材料封严，然后在上口填塞密封材料。收头处还应以油膏嵌填填实。填缝砂浆与凹槽上部女儿墙抹灰一道完成。上屋面楼梯内墙体挑出 1/4 砖做成滴水，卷材在此收头。在挑砖上部用水泥砂浆抹出斜坡，下边抹出滴水，使雨水不致沿垂直墙面下流。卷材在砌体墙收头处理如图 13-176 所示。

（3）天沟防水处理：天沟是防水工程的薄弱环节，在大面积施工前，应在天沟上铺设一层 500mm 宽、1.5mm 厚的自粘防水卷材附加层。施工工艺应严格按照规范进行。天沟、檐沟的卷材铺贴应从沟底开始，搭接缝一般留在沟侧面。当沟底过宽，纵向搭接在沟底时，搭接缝应增加密封材料封口。

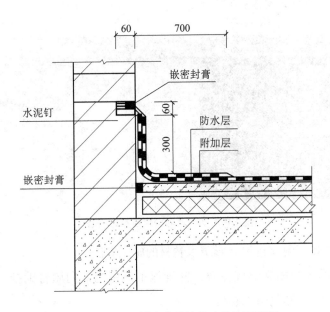

图 13-176　卷材在砌体墙收头处理示意图

（4）望板上铺贴双面自粘防水卷材附加层的做法

双面自粘铺设固定法如下：

①在望板木基层上，应自檐口向上铺设，每条不锈钢带双面自粘不少于 5 个平口钉。双面自粘防水卷材的铺贴全部采用满粘法。

铺贴自粘防水卷材的方向：

根据屋面的坡度及屋面是否受振动等情况，进行铺贴。

当坡度大于 15% 或屋面受振动时，卷材应垂直于屋脊铺贴。

②铺贴双面自粘的顺序：在高低跨连体屋面上，应首先铺设高跨部分，然后再铺设低跨部分。铺贴操作应从单元最低标高处开始，朝着标高的方向进行。操作人员应用两

手紧压卷材，向前滚压铺设。用力应均匀、粘实、不存空气为度。同时，将挤出的檐边油刮去，以平为度。

（5）天沟铺设TTR超耐候单面立彩自粘卷材的做法：

①在两个坡面的相交处或交接处，天沟的断面尺寸为上口宽度300mm，深度150mm。

②在沟内，沿着木天沟板铺设镀锌薄钢板，并伸入瓦片上面150mm，天沟内须加设防水卷材。

③檐沟铺贴防水卷材应从沟底开始，顺檐沟从水落口向分水岭方向铺贴。在铺贴过程中，应边铺边用刮板从沟底中心向两侧刮压，以赶出气泡并使防水卷材铺贴平整、粘贴密实。天沟铺设卷材如图13-177所示。

图13-177　天沟铺设卷材示意图

（6）屋脊TTR超耐候自粘立彩防水卷材的施工方法

将两个倾斜的屋面相交形成屋脊，并确保平瓦由檐口向屋脊铺挂。在屋脊处使用TTR超耐候自粘PYID彩色防水卷材。

在施工过程中，首先需要将卷材展开，将卷材的施工粘接面连同隔离纸朝下对准基层上的基准线位置。定位后，收卷并按照"撕隔离纸→向前滚铺→排气压实"的工序进行施工。具体方法包括：

①对准基准线后，把卷材的一端翻起约1.5m长，撕去该处的隔离纸，再对准位置铺贴压实；然后，再翻过余下部分，撕纸后小心对线铺贴。这种方法可以保证定位准确，铺贴整齐、美观。

②卷材接缝必须粘贴封严，接头宽度不应小于100mm。在接缝上涂刷一道200mm宽的丁基橡胶涂料，以保证搭接缝的质量。

③上下层卷材的压边要相互错开1/3幅宽，即30～50cm。上下层及相邻卷材的接头要相互错开30～50cm。

④最后，在卷材防水层施工完成后应仔细检查，特别是接头部位应认真检查。按照上述施工方法步骤操作，可以确保施工质量和美观度，如图 13-178 所示。

图 13-178　改造后学生四宿舍东北角照片

13.24.13　结语

沈阳农业大学的学生宿舍始建于 1952 年，由苏联提供援助建成的四坡斜顶多层叠板木质结构。历经 70 年风雨，屋面、墙体和梁架等部位存在不同程度的问题。经勘查、分析、论证形成了维修翻新方案。我公司承担维修改造任务，既保留了历史文物的原貌，又采用新材料新工艺提升了屋顶的防渗、防腐功能。经参施者辛勤劳动，用汗水与智慧打造了面貌全新的屋顶。

此次维修改造，防水层采用 3mm 厚高聚物改性沥青双面自粘反粘防水卷材作防水垫层＋超耐候 3mm 厚仿瓦立彩防水卷材 TTR 作屋面装饰、防水、防护层，收到了良好的经济效益与社会效益，具有较高的推广应用价值。这种创新的材料与创新工法有望在更多的建筑中得到应用和推广。

13.25　无机灌浆材料在地下室后浇带堵漏治理中的运用 [①]

13.25.1　工程概况

某住宅工程地下室后浇带混凝土本体及两侧界面缝渗漏。

局部进行过刚性堵漏宝封堵配合引流治理，但治理效果不明显，影响正常使用。渗漏现场勘察如图 13-179 所示。

————————

① 陈静，肖智伟。陈静，1990 年 11 月出生于安徽池州；2014 年至今主要从事建筑工程与建筑修缮堵漏工程，参与建设成都麓湖生态城项目、郎酒庄园项目堵漏加固改造工程、成都地铁、成都天府机场高铁隧道堵漏工程等。

图13-179　渗漏现场勘察照片

渗漏原因如下：

1）结构与防水设计欠妥，对地下室防水工程重要性认识不足，工程水文地质资料把握不全或不准确。

2）混凝土由于浇筑时产生水化热、混凝土干缩、温度变化、沉降不一致等因素的影响，就会出现裂缝。当裂缝宽度达到或超过0.2mm时，地下水就渗入地面。

3）灌注混凝土过程中，由于拌合不均、振捣不实等原因，造成混凝土孔隙大、密实性差，混凝土出现裂缝及大面积渗水现象。

4）防水施工不精细，防水材料质量不符合要求，防水材料老化或遭到破坏等，导致后浇带混凝土本体不密实，两侧缝隙局部张开。

5）底板混凝土客观地存在徐变或地下空间结构变形，引起后浇带开裂渗水。

13.25.2　渗漏治理方案

采用无机水泥注浆＋zefeng-水工一号混凝土围护结构深层注浆＋混凝土围护结构内表面防水涂层。此方案不仅可以有效解决钢筋混凝土结构的渗漏问题，还可以起到保护钢筋混凝土结构日后不被水直接侵蚀的作用。

因本方案采用微创技术置换空间＋再造耐久防水层，只须打孔灌注即可，大大地减少了施工时间，从而实现了短工期。而一般施工方法则须拆、砸、排，对环境和工期的影响较大。

此方案的优点：微创节约资源，省工省料，减少污染，缩短维修工期60%左右。

防水人应知道，进水点和漏水点一般情况下不是一个点，传统堵漏都是堵混凝土裂缝（漏水点），无法解决进水点和窜水问题。渗漏水在结构内继续腐蚀混凝土内的钢筋，造成钢筋锈蚀，并造成新的混凝土裂缝，继续出现新的漏水点，情况严重的会影响结构安全。

无机注浆技术-再造防水层工艺，就是使用电钻微小穿孔、在混凝土结构迎水面重新再做一层新的防水层。通过修复进水点，彻底解决建筑渗漏问题。

无机注浆技术是通过将水泥＋ zefeng- 水工一号注浆材料注入混凝土结构的深层，使其渗入混凝土结构的迎水面表层，提高混凝土结构全断面抗渗性的注浆技术。此项技术有效地解决了常见的打针式浅层维修工艺，被填充的缝隙会再次透水等问题。

水泥＋ zefeng- 水工一号注浆材料适合于大体积混凝土结构或厚度大于板壁厚度的结构，如地下室底板、后浇带、侧墙、电梯井及承受重载的地下室顶板等部位。

水泥＋水工 1 号注浆材料的物理力学性能如表 13–15 所示。

水泥＋水工 1 号注浆材料物理力学性能　　　　　　　　　　表 13–15

项　目		性能指标
流动度（s）	初始	>25
	60min 保留值	>30
竖向膨胀率（%）	24h	>1
凝结时间（h）	初凝（水中）	>72
	初凝（空气中）	>48
	终凝（水中）	>96
	终凝（空气中）	>72
泌水率（%）	24h	0
抗压强度（MPa）	7d（水中成型）	>5
	28d（水中成型）	>10
	7d（水中成型）转 pH4 ～ 5 硫酸溶液 21d	>10
	7d（水中成型）转饱和氢氧化钙溶液 21d	>10
	7d（空气中成型）	>10
	28d（空气中成型）	>15
	360d（空气中成型）	>25
粘接强度（MPa）	28d	>1
抗渗等级	28d（水中成型）	>P12
	28d（空气中成型）	≥ P20

13.25.3　后浇带渗漏修复方法

1. 置换空间

1）清理基层；

2）打孔直至打穿原始结构层，距离为 1.5 ～ 2m；

3）使用速凝浆料埋置专用灌浆针头；

4）使用置换空间灌浆料填充底板迎水面。灌浆顺序为先灌渗水严重处，直至下一孔冒浆时停止灌注；

5）拆除灌浆管，封堵灌浆孔，清理溢出灌浆料。

2. 再造耐久防水层

1）当置换空间结束后，拆下置换空间灌浆管；

2）帷幕钻孔，打穿保护层，植入注浆针头；

3）连接单液注浆机，配制液浆；

4）灌注专用材料，灌注量以注料针头注浆，相应面积内其他泄压孔出浆；

5）联通内部空间持续注射，多点注浆按顺序操作；

6）多点成片，多片成面，在内部窜水通道形成全新的整面防水体系，达到进水点自动密封、窜水空间置换成材料、漏水点内侧自动修复的目的。混凝土围护结构深层注浆如图 13-180 所示。

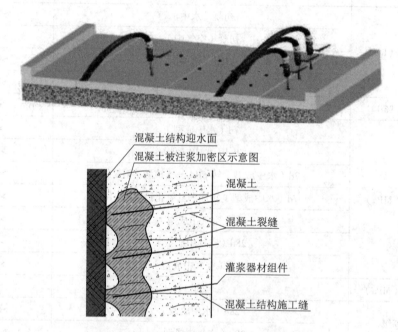

图 13-180　混凝土围护结构深层注浆示意图

3. 混凝土围护结构背水面被动防水涂层

在出现渗漏水的混凝土围护结构内侧（背水面）涂覆高抗渗性的抗渗空间 2 号，是提高混凝土围护结构的表面抗渗性、耐久性的防护技术。混凝土围护结构内表面被动防水涂层仅允许在室内无结冰环境下施工。

1）维修区域内用錾子将混凝土表面进行凿毛处理，深度至新鲜、坚实混凝土，用自来水对剔凿后的表面进行湿润；

2）在筏板层上沿后浇带两侧施工缝剔 V 形槽并清理干净，采用遇水膨胀止水条对 V 形槽进行填充，并用堵漏 2 号材料封堵至与筏板上表面平齐；

3）抗渗空间 2 号材料准备：将抗渗空间 2 号按粉水比，用电动搅拌器搅拌，静置数分钟再搅拌一下即可使用；

4）当基层在湿饱和状态且无明水时，将搅拌均匀的空间 2 号浆料在处理好的混凝土基层表面涂刷。抗渗空间 2 号涂刷时要与上一遍涂刷间隔一定时间，应交叉方向来回涂刷，适当洒水养护即可。结构背水面被动防水被动涂层如图 13-181 所示。

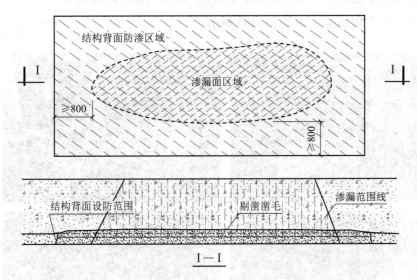

图 13-181　结构背水面被动防水涂层示意图

13.25.4　无机注浆工艺重难点说明

1. 注浆方式

采用在室内营造作业探孔（注浆孔），将水泥＋ zefeng- 水工一号注浆材料采用有压灌注式作业方式注入混凝土结构的深层、使之渗入混凝土结构的迎水面一侧修复混凝土结构的缺陷。

2. 灌注布点

实际工程中的作业探孔布点采用以渗漏最为严重的区域（渗漏面）中心为展开初始点，并按照梅花形布点扩展，具体孔距需要由现场工程技术人员经试验性试灌后确定，并可根据实际工程效果进行调整。

3. 作业探孔营造

作业探孔钻孔深度应靠近混凝土围护结构迎水面一侧，一般为背水面一侧向外至混凝土围护结构厚度的 3/4 或 4/5 处。

4.灌注控制

注浆的控制由注浆机出口压力、注浆流量、浆料注入总量综合控制。以注浆机出口压力、单位时间内的注入量，推测注浆头口环境压力及浆料扩散范围。

13.25.5 修复效果判定

采用无机注浆技术进行维修施工后，原有混凝土围护结构表面湿迹消失过程需要一定的时间间隔。该时段长短取决于地下室内的水汽蒸发、散发至室外的速度，其历时视混凝土质量的好坏与室内通风情况而变，加强室内外通风循环是必要措施。一般情况下，湿迹消失过程需要数天。当室内湿迹完全消失，即表明修复获得成功。

无机注浆工艺现场施工如图 13-182 所示。

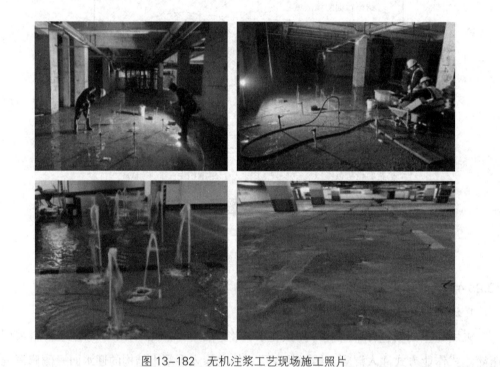

图 13-182 无机注浆工艺现场施工照片

第 14 章
工程渗漏治理预算的编制

14.1 编制依据

1. 2018 年 8 月 1 日实施的《中华人民共和国住房和城乡建设部防水工程定额标准》编制说明（七）防水工程：

1）防水工程造价指标按防水部位、材质类别和厚度进行统计。

2）防水工程按照 30 年的使用年限编制造价指标。

3）防水工程一体化项目包括保温层，种植屋面仅含防水层。

4）防水工程造价指标应用时，需要结合建设项目防水工程等级，对应不同施工部位，根据材质类别和厚度及各项费用占比等因素参考使用。

2. 2018 年 12 月 1 日起实施的《中华人民共和国住房和城乡建设部房屋修缮工程消耗量定额相关规定》TY01-41-2018：

1）关于人工，每工日按 8h 工作制计算。

2）关于材料（包括配件、零件、半成品、成品），均为符合国家质量标准和相应设计要求的合格产品。

3. 编制参考资料

1）沈春林主编《中国建筑防水堵漏修缮定额标准（2022 版）》。

2）湖南省 2020 年《建筑工程消耗量定额标准》。

3）节点细部附加防水层单独核算。

4）近几年笔者调研与搜集的资料。

14.2 防水工程造价（全价）指标

14.2.1 地下室防水工程造价（全价）指标

1. 东北、华北地区

2mm 厚涂料＋4mm 厚热熔改性沥青卷材，综合单价 128.11 元 /m²

其中：人工费 22.1 元 /m²，占综合单价 17.25%

材料费 82.81 元 /m²，占综合单价 64.64%

机械费免收

综合费用 23.2 元 /m²，占综合单价 18.11%

2. 华东、中南地区

2.5mm 厚涂料＋4mm 厚热熔改性沥青卷材，综合单价 139.55 元 /m²

其中：人工费 14.56 元 /m²，占综合单价 10.43%

材料费 101.51 元 /m²，占综合单价 72.74%

机械费免收

综合费用 23.48 元 /m²，占综合单价 16.82%

3. 西南地区

2mm 厚涂膜＋4mm 厚热熔改性沥青卷材，综合单价 155.79 元 /m²

其中：人工费 24.65 元 /m²，占综合单价 15.82%

材料费 104.56 元 /m²，占综合单价 67.12%

机械费免收

综合费用 26.58 元 /m²，占综合单价 17.06%

14.3 防水工程修补基价（直接费）参考资料

学习沈春林教授主编的《中国建筑防水堵漏修缮定额标准（2022 版）》，相关参考资料如下：

1. 人工（含普工、一般技工、高级技工）费，单价 360 元 / 工日

2. 混凝土基层处理剂耗量：0.496kg/m²

3. 热熔改性沥青卷材施工用石油液化气耗量：一层 0.27kg/m²

4. 部分新材料单价与耗量

- 油毡瓦：每块长 1000mm，宽 333mm，厚 27mm，耗量 6.9 块 /m²

- 1.0mmBGN 黑将军丁基橡胶自粘卷材，单价 76 元 /m²，耗量 1.16m²

- 1.5mm 厚强力交叉层压膜自粘防水卷材，单价 21 元 /m²，耗量 1.15m²

- 压型彩钢板：0.5mm 厚，单层耗量 1.283m³

- 彩钢夹芯板：100mm 厚，单层耗量 1.050m³

- 非固化橡胶沥青防水涂料：13 元 /kg，2mm 厚涂料耗量 3.26kg/m²

- 1.0mm 厚水性持粘涂料：单价 27 元 /kg，耗量 2.13kg/m²

- 丙纶卷材：单价 22 元 /m²，耗量 2.3m²

- 1.5mm 厚 DPUE 耐候聚氨酯防水涂料：单价 89 元 /kg，耗量 1.82kg/m²
- 1.2mm 厚水性三元乙丙橡胶防水涂料：单价 15 元 /kg，耗量 4.16kg/m²
- 1.2mm 厚聚脲防水涂料：单价 46 元 /kg，耗量 1.82kg/m²
- 1.2mm 厚 ZH 丙烯酸防水涂料：单价 24 元 /kg，耗量 3.16kg/m²
- 1.2mm 厚改性环氧防水涂料：单价 46 元 /kg，耗量 1.8kg/m²
- 1.0mm 厚天冬聚脲防水涂料：单价 150 元 /kg，耗量 1kg/m²
- 1.5mm 厚防水隔热反射涂料：单价 35 元 /kg，耗量 2kg/m²

14.4　编制预算的经验公式

直接费包括人工费、材料费、机械费、措施项目费，间接费包括管理费、规费，综合费可理解为间接费与合理利润和规费。一个工程的税金与配合费另行计算。一个工程的预算公式：

[基价（直接费）＋间接费＋利润]× 规费 1.02 ＋税金（一般计税法 9%）＋配合费 ×2%= 预算全费工程造价

或

分部分项工程费＋措施项目费＋其他项目费＋规费＋税金 = 工程造价

其中：综合单价 × 工程量清单数量 = 分部分项工程费

还可简化为：直接费 ×（1.34 ～ 1.4667）= 预算全价

14.5　相关防水构造直接费（基价）标准

14.5.1　屋面（混凝土基层）堵漏修缮施工

1.【方案】2mm 非固化涂料＋ 4mm 自粘聚合物改性沥青卷材

【基价】126.8 元 /m²，其中人工费 36 元 /m²，材料费 85.8 元 /m²，机械费 5 元 /m²

2.【方案】2mm 非固化涂料＋ 1.5mm 强力交叉层压膜自粘卷材

【基价】114 元 /m²，其中人工费 36 元 /m²，材料费 73.15 元 /m²，机械费 5 元 /m²

3.【方案】1.5mmJS 聚合物水泥涂料＋ 4mm 自粘聚合物改性沥青卷材

【基价】115.3 元 /m²，其中人工费 36 元 /m²，材料费 74.3 元 /m²，机械费 5 元 /m²

14.5.2　屋面（彩钢瓦基层）堵漏修缮施工

1.【方案】1.5mm 防水隔热反射涂料

【基价】1.5mmZH 丙烯酸防水涂料 147.5 元 /m²，其中人工费 36 元 /m²，材料费

106.5 元 /m²，机械费 5 元 /m²

2.【方案】1.5mmZH 丙烯酸防水涂料

【基价】214.7 元 /m²，其中人工费 36 元 /m²，材料费 173.7 元 /m²，机械费 5 元 /m²

3.【方案】1.5mmDPUE 耐候型聚氨酯防水涂料

【基价】157.8 元 /m²，其中人工费 36 元 /m²，材料费 116.8 元 /m²，机械费 5 元 /m²

14.5.3　外墙堵漏修缮施工

1.【方案】瓷砖基层（防水剂法）

【基价】109 元 /m²，其中人工费 72 元 /m²，材料费 27 元 /m²，机械费 10 元 /m²

2.【方案】清水墙基层

【基价】105.5 元 /m²，其中人工费 72 元 /m²，材料费 23.5 元 /m²，机械费 10 元 /m²

14.5.4　厨卫浴间免砸砖微创修缮施工

【方案】注浆＋密封

【基价】3000 元 /6m²，其中人工费 1540 元，材料费 1400 元，机械费 60 元

14.5.5　地下室顶板大面堵漏施工

【方案】注浆＋渗透涂料＋背水喷 DPS 永凝液

【基价】（1）结构裂缝（3mm 宽），基价 476 元 /m，其中人工费 36 元 /m，材料费 420 元 /m，机械费 20 元 /m；

（2）背水面刷涂料，基价 516 元 /m²，其中人工费 36 元 /m²，材料费 460 元 /m²，机械费 20 元 /m²；

（3）喷 / 刷 DPS 永凝液，基价 350 元 /m²，其中人工费 36 元 /m²，材料费 294 元 /m²，机械费 20 元 /m²。

14.5.6　地下工程侧墙渗漏维修

1.【方案】结构裂缝（3mm 宽），注浆＋封堵

【基价】660 元 /m，其中人工费 360 元 /m，材料费 225 元 /m，机械费 75 元 /m；

2.【方案】结构墙根渗漏修缮

【基价】874.5 元 /m，其中人工费 360 元 /m，材料费 439.5 元 /m，机械费 75 元 /m；

14.5.7　大面积砖墙渗漏维修

【方案】注浆＋封堵＋抹面

【基价】1092.9 元 /m²，其中人工费 360 元 /m²，材料费 582.9 元 /m²，机械费 150 元 /m²

14.5.8　地下工程底板结构裂缝渗漏治理

【方案】凿槽扩洞＋注浆＋背水面刷浆

【基价】839.5 元 /m，其中人工费 360 元 /m，材料费 429.5 元 /m，机械费 50 元 /m

14.5.9　地下工程底板不密实渗漏治理

【方案】注浆＋背水面抹浆

【基价】660 元 /m²，其中人工费 180 元 /m²，材料费 430 元 /m²，机械费 50 元 /m²

14.5.10　电梯井堵漏修缮治理

1.【方案】渗水堵漏：注浆＋密实＋抹面

【基价】10715 元 / 个，其中人工费 2520 元 / 个，材料费 7695 元 / 个，机械费 500 元 / 个

2.【方案】涌水堵漏：抽水＋注浆＋节点密封＋抹浆

【基价】底面 4m² 周边 16m²，基价 19720 元 / 个，其中人工费 3240 元 / 个，材料费 15980 元 / 个，机械费 500 元 / 个

14.5.11　变形缝（伸缩缝、沉降缝）堵漏修缮施工

【方案】背水面注浆＋弹性密封＋活动件封盖

【注浆基价】

1）水溶性聚氨酯注浆：3529.5 元 /m

2）油溶性聚氨酯注浆：3649.5 元 /m

3）锢水止漏胶注浆：3865.5 元 /m

4）非固化橡胶注浆：4389.5 元 /m

14.5.12　施工缝堵漏修缮

【方案】封缝＋注浆＋缝口增强

【基价】

1）油溶性聚氨酯注浆：基价 1702.8 元 /m

2）锢水止漏胶注浆：基价 1890.8 元 /m

3）韧性环氧树脂注浆：基价 1902.8 元 /m

【特别说明】以上根据 2022 年 5 月 18 日起实施的《关于颁发〈中国建筑防水堵漏修缮定额标准〉的规定》（中硅防字（2022）第 001 号）起草的，应用时应根据当地管理站的规定取综合费率，无规定时按基价的 46.67% 计取。

附录1 《建筑与市政工程防水通用规范》GB 55030—2022 对工程防水设计工作年限的规定

1）屋面工程设计工作年限≥20年。

2）室内防水工程设计工作年限≥25年。

3）地上外墙防水工程设计工作年限≥25年。

4）地下防水工程设计工作年限与结构主体同寿命，不少于50年。

5）非侵蚀性介质蓄水类工程内壁防水层设计工作年限不应低于10年。

附录2 《建筑与市政工程防水通用规范》GB 55030—2022 对防水卷材最小搭接宽度的规定

防水卷材最小搭接宽度（mm）

防水卷材类型	搭接方式	搭接宽度
聚合物改性沥青类防水卷材	热熔法、热沥青	≥100
	自粘搭接（含湿铺）	≥80
合同高分子类防水卷材	胶粘剂、粘接料	≥100
	胶粘带、自粘胶	≥80

附录3 防水工程质量检验合格判定标准

工程类型		工程防水类别		
		甲类	乙类	丙类
建筑工程	地下工程	不应有渗水，结构背水面无湿渍	不应有滴漏、线漏，结构背水面可有零星分布的湿渍	不应有线流、漏泥砂，结构背水面可有少量湿渍、流挂或滴漏
	屋面工程	不应有渗水，结构背水面无湿渍	不应有渗水，结构背水面无湿渍	不应有渗水，结构背水面无湿渍
	外墙工程	不应有渗水，结构背水面无湿渍	不应有渗水，结构背水面无湿渍	—
	室内工程	不应有渗水，结构背水面无湿渍	—	—

工程类型		工程防水类别		
		甲类	乙类	丙类
市政工程	地下工程	不应有渗水，结构背水面无湿渍	应有线漏，结构背水面可有零星分布的湿渍和流挂	不应有线流、漏泥砂，结构背水面可有少量湿渍、流挂或滴漏
	道桥工程	不应有渗水	不应有滴漏、线漏	—
	蓄水类工程	不应有渗水，结构背水面无湿渍	不应有滴漏、线漏，结构背水面可有零星分布的湿渍	不应有线流、漏泥砂，结构背水面可有少量湿渍、流挂或滴漏

参考文献

［1］ 沈春林.建筑防水工程常用材料[M].北京：中国建筑工业出版社，2019.

［2］ 沈春林.新型建筑防水材料施工[M].北京：中国建材工业出版社，2015.

［3］ 沈春林.建筑防水工程施工技术[M].北京：中国建材工业出版社，2019.

［4］ 许增贤.房屋建筑工程渗漏防治[M].北京：中国建筑工业出版社，2022.

［5］ 中华人民共和国住房和城乡建设部.地下工程防水技术规范：GB 50108—2008[S].北京：中国计划出版社，2008.

［6］ 中华人民共和国住房和城乡建设部.屋面工程技术规范：GB 50345—2012[S].北京：中国计划出版社，2012.

［7］ 沈春林.中国建筑防水堵漏修缮定额标准[S].北京：中国标准出版社，2022.

［8］ 叶林标，曹征富.建筑防水工程施工新技术手册[M].北京：中国建筑工业出版社，2018.

［9］ 中华人民共和国住房和城乡建设部.种植屋面工程技术规程：JGJ 155—2013[S].北京：中国建筑工业出版社，2013.

［10］陈宏喜，邹常进，邓泽高.建设工程防水堵漏技术及经典案例[M].北京：中国建材工业出版社，2023.

［11］中科院广州化学有限公司，中科院广州化灌工程有限公司，薛炜，等.建筑工程灌浆技术及应用[M].北京：中国建筑工业出版社，2022.

［12］中华人民共和国住房和城乡建设部.建筑与市政工程防水通用规范：GB 55030—2022[S].北京：中国建筑工业出版社，2023.

［13］土木工程（中国）科学研究会.全国工程灌浆、防渗加固新技术新材料交流研讨会论文集[C].长沙，2014.

［14］中华人民共和国住房和城乡建设部.房屋渗漏修缮技术规程：JGJ 53—2011[S].北京：中国建筑工业出版社，2011.

［15］廖有为.冷涂锌涂料[M].北京：化学工业出版社，2017.

［16］陈彪.工业废水处理池防腐蚀材料及结构探讨[J].中国石油和化工标准与质量，2013，33（14）:266.

［17］曹润程.浅谈工业废水处理池的防水问题及其对策[J].科技创新导报，2011（33）:118.DOI:10.16660/j.cnki.1674-098x.2011.33.067.

［18］王天堂，陆士平，沈伟.工业废水废水处理池内防腐蚀材料及结构探讨[J].石油工程建设，2006（02）:34-38,6.

［19］潘东岳.工业废水池防腐防渗质量缺陷的处理[J].有色冶金设计与研究，2020，41
　　　（S1）:36–38.

［20］豆宝娟，宾峰，王昶.废水处理厂污泥消化池内防腐改造完善工程的分析[J].广东化
　　　工，2013，40（19）:121–123.

［21］中华人民共和国住房和城乡建设部，中华人民共和国国家质量监督检验检疫总局.建
　　　筑防腐蚀工程施工规范：QB 50212—2014[S].北京：中国计划出版社，2014.

　　陈宏喜、文忠、唐东生是我国建筑防水行业的知名专家，他们主编的《建设工程渗漏治理手册》由中国建筑工业出版社出版，是行业的好事，感谢他们的辛勤劳动。

　　本书共分14章，是他们几十年的学习笔记与心得体悟，也是他们几十年综合治理建设工程渗漏的智慧与汗水的结晶。尤其是第13章，他们引领国内30多位防水行家，从不同视角、多方位地总结了重大重要新建工程或既有工程维修的经验教训。这是行业的宝贵财富，用事实彰显我国防水行业的新发展、新进步。

　　该书通俗易懂、图文并茂，可做培训教材，也可供同仁作为攻克"老大难"渗漏问题的参考。

　　时代在前进，科技创新不断升华，在新的历史时期，我们更要不断地努力学习，弘扬创新精华，实干精干，为节能减排，绿色、环保、智能化建设工程"万无一湿"做出新的贡献！

　　绿色引领发展，智造筑梦未来。

河南省建筑防水协会会长　陈建贵

2024年1月